손수 짓는 시대

KENCHIKU O TSUKURU TO WA, MIZUKARA TE O UGOKASU 12-NIN NO SHIGOTO
written and edited by Nao Kono, Tomoyuki Gondo, et al.
Copyright © 2024 Nao Kono, Tomoyuki Gondo, et al.
All rights reserved.
Original Japanese edition published by Gakugei Shuppansha, Kyoto.

This Korean language edition published by arrangement with Gakugei Shuppansha, Kyoto
in care of Tuttle-Mori Agency, Inc., Tokyo through Amo Agency, Korea

이 책의 한국어판 저작권은 AMO에이전시를 통해 저작권자와 독점 계약한 이유출판에 있습니다.
저작권법에 의해 한국 내에서 보호를 받는 저작물이므로 무단 전재와 무단 복제를 금합니다.

손수 짓는 시대

The Architect as Maker

이유출판

머리말

이 책은 '건축물 만드는 일'을 실천하는 13인의 업무 방식과 생활 양식을 소개하고 있다. 책에 소개된 13인은 기존의 설계자나 교육자의 역할에서 벗어나 건축 공간뿐만 아니라 풍경이나 장소까지 자신의 손으로 '만드는 것'에 인생을 바친 실천가들이다. 그 면면은 아래와 같다.

제1장: 현장 시공 경험을 토대로 설계를 업그레이드하는 아라키 모토키, 모리타 가즈야, 야마구치 히로유키
제2장: 지역 사회의 친근한 장소를 즐겁고 지속가능한 곳으로 재창조하는 니시야마 메이, 가마토코 미야코, 구류 하루카
제3장: 창의적으로 재료를 발굴해 새로운 건축 공간을 창출하는 아즈노 다다후미, 히토스기 이오리, 미즈노 후토시
제4장: 디지털과 수작업 기술을 연결해 미래의 제작자를 육성하는 사나다 준코, 히라노 도시키, 야마모토 히로코, 윤주선

이들은 사회에 어떤 의문을 품고 어떤 일을 창출하고 어디에서 즐거움을 찾고 어디를 향해 가는가. 각자 자신의 '건축물 만드는 일'과 그 배경에 있는 신념을 최대한 진솔하게 이야기해 주었다. 이 책을 통해 건축을 배우는 학생이나 건축 분야에 몸담은 이들이 자신의 손으로 직접 '만드는' 생활 양식, 업무 방식에 흥미를 느끼고 한 뼘 더 성장할 수 있기를 바란다.

시리즈 강연 '만든다는 것은'

이 책은 도쿄대학 건축 생산 매니지먼트 기부 강좌로 곤도 연구실이 주최한 시리즈 강연 '만든다는 것은'을 바탕으로 만들어졌다. 강연은 2021년 7월부터 약 2개월에 한 번꼴로 개최되어 2024년 4월 현재(원서 출간 시점)까지도 이어지고 있다. 강의와 함께해 준 20명 이상의 게스트 중에서 12명을 선정해 강의록을 바탕으로 각자가 집필한 글을 엮었다(한국어판에선 한국의 사례를 추가해 내용을 풍성하게 했다).

강의에는 매회 2명의 게스트가 함께했다. 게스트는 건축 분야를 중심으로 다양한 영역에서 '만드는' 일에 인생을 바친 실천가들이다. 건축가 또는 교육자인 동시에 스스로 손을 움직여 무언가를 창조해내는 'MAKER'이기도 하다. 강의에는 대학생, 일반인을 비롯해 매회 60명에서 120명 정도의 참석자가 일본 전역에서 모여들었다. 제1회부터 4회까지는 코로나의 영향 탓에 온라인으로 진행했고 제5회부터는 온라인과 오프라인 강의를 동시에 개최했다.

2시간 동안 이어지는 강의의 전반에는 두 게스트의 강연을 듣고 후반에는 의견을 나누었다. 전반의 강연에서는 현재 하

제5회 만들기×설계 @교토 OUD

제6회 만들기×장소
@히다후루카와 패브카페 히다

제7회 만들기×폐기물 @도쿄 툴박스

제8회 만들기×잇기
@이시카와 인카나자와하우스

제9회 만들기×교육
@나카쓰가와 가시모 메이지자

제10회 만들기×참가 @오키나와 다마키식당

제11회 만들기×설계 @교토 시모가모 론도

제12회 만들기×생업 @도쿄 YAU 스튜디오

고 있는 활동과 함께 학창 시절부터 지금까지 어떤 생각을 해 왔고 왜 그 활동을 시작했는지에 관해 들었다. 후반에는 청중도 자유롭게 참여하는 방식으로 토론을 진행했다.

토론 마지막에는 게스트 전원에게 같은 질문을 던졌다.
"당신에게 만든다는 것은 무엇인가요?"
게스트의 답변에는 저마다의 개성과 각자가 품은 야심이나 철학이 담겨 있었다. 이 답변들을 그들의 사진과 함께 책 앞부분(12~37쪽)에 실었다. 장별 이야기와 함께 읽으면 이들의 활동을 더 깊게 이해하는 데 도움이 될 것이다.

살기 위해 만든다, 만들기 위해 산다

시리즈 강연 '만든다는 것은'을 시작하며

최근 몇 년 간 '만드는 일'과 우리의 거리가 급격하게 가까워졌음을 느낀다. 그 사이 DIY라는 말은 대중성을 얻어 TV 프로그램이나 유튜브를 떠들썩하게 했다. 각지에 잠들어 있는 빈집을 동료들끼리 리노베이션해 활용하는 일도 이제는 드물지 않다. 디지털 패브리케이션(digital fabrication, 디지털 기술을 활용한 제조 방법)의 보급은 일반인이나 설계자에게 물건이나 공간을 만들 수 있는 자유를 주었다. 무엇이 바쁜 현대 사회를 사는 우리를 '만드는 일'에 골몰하게 했을까?

살기 위해서는 만들어야 한다. 혹독한 자연환경이나 사회 속에서 살아남으려면 비바람을 견뎌 줄 집, 삶을 영위하기 위한 도구를 계속 만들어 내야 한다. 살기 위해 만든다. 그것은 태곳적부터 지금까지 변함 없는, 인간의 가장 근원적인 행위 중 하나다.

만드는 일에는 또 한 가지 중요한 측면이 있다. 그것은 만드는 행위 자체가 인간이 살아가는 데 즐거움을 가져다준다는 것이다. 누구든 한 번쯤은 무언가를 만드는 행위에 시간을 잊을 만큼 집중해 본 경험이 있을 것이다. 무언가를 만들어 냈을 때의 감동을 한번 맛본 이상 빠져 나오기는 힘들다. 더 정밀하고 더 효율적이고 더 기발한 것을 찾아 새로운 사물이나 공간을 끊임없이 만들어 내게 된다. 만드는 일은 살아가는 데 보람이 되기도 한다. 바로 여기, 만들기 위해 사는 사람들이 있다.

새로운 것을 좇아 끊임없이 무언가를 만들어 가는 정신은 현대 산업을 추진해 나가는 원동력 중 하나다. 인간의 무한한 창의력 덕분에 새로운 물건이나 공간, 기술이 맹렬한 속도로 세상에 등장하고 있다. 자본주의 시장 경제는 이 속도에 박차를 가한다. 지나치다 싶을 만큼 격렬한 시장 경쟁 속에서 끊임없이 무언가를 만들어 내지 않으면 살아남을 수 없는 것도 엄연한 사실이다.

 우리는 살기 위해 만들고 만들기 위해 산다. '만든다'는 것은 인간의 근원적인 욕망이나 필요에 뿌리를 두면서도 현대 사회의 복잡한 삶을 내포하고 있다. 이 강의 시리즈는 주로 건축 분야의 '만들기'에 초점을 맞추고 있다. 끊임없이 변해 가는 현실 사회에서 시스템을 재구축하고 실천하는 이들을 게스트로 초청한다. 그들과의 대화 속에서 만든다는 것이 무엇인지 고찰해 보고자 한다.

코노 나오

MAKER
01

아라키 모토키 아라키+사사키 아키텍츠 / 모쿠탄칸 대표

"만든다는 것은 설계하는 것"

만드는 일은 설계하는 일이고 설계하는 일은 만드는 일입니다. 어떻게 연관되는지는 매번 달라지겠지만 저는 두 일이 거의 똑같고 이어져 있다고 생각합니다.

ⓒ소에다 신페이(添田辰平)

MAKER
02

모리타 가즈야 건축설계사무소 대표 / 교토부립대학 준교수

"만든다는 것은
인간의 본능을 자극하는 쾌락 행위"

미장의 세계에 뛰어들었을 때부터 만드는 일은 인간의 본능을 자극하는 쾌락 행위라고 생각했습니다. 특히 흙은 신기한 소재예요. 누구든 흙을 만지기 시작하면 잠시 모든 것을 잊고 마치 진흙 놀이하는 아이처럼 정신이 팔리죠. 현장의 기술자들도 다들 마찬가지예요. 흙벽을 통해 만드는 행위가 지닌 원초적 즐거움을 건축 현장에 되찾아 올 수 있었으면 합니다.

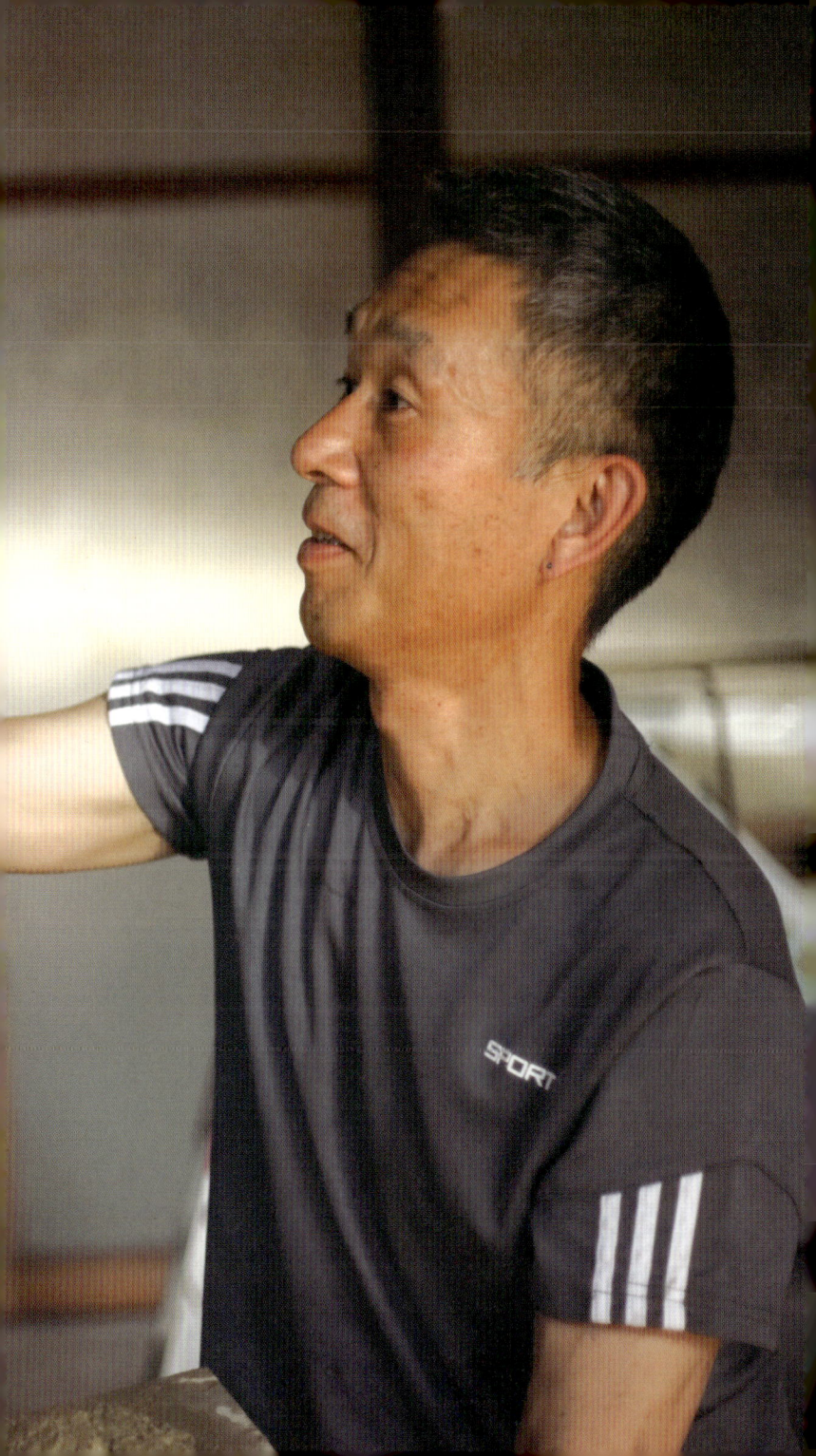

MAKER
03

야마구치 히로유키 건축의사 대표이사

"만든다는 것은 모순과 마주하는 일"

공사하는 날에는 비가 옵니다. 작업 요청에 기술자들이 난색을 보이고, 의뢰인은 완강합니다. 하고 싶은 것과 할 수 없는 것 사이에서 방황하는 날들이 이어집니다. 생각과 계획은 현장에서 늘 뒤집혀요. 고집을 버리고 나 자신을 놓는 순간, 아이디어가 떠오릅니다. "큰일이네" 하고 중얼거리는 저 너머에 '만드는' 일의 근원이 있는 것은 아닐까요?

04
니시야마 메이 마이키 디렉터

"만든다는 것은
 삶을 건강하게 업그레이드하는 일"

만드는 것은 목적이 아니라 삶의 본질을 생각하는 행위이자 생활 양식의 선택
지를 늘리는 한 가지 방법이라고 생각해요. 아울러 마음을 열고 다른 사람과
새로운 관계를 형성하는 기회를 제공해 주기도 하지요.

MAKER
05

가마토코 미아코 가가와대학 강사 / 민가 연구가

"만드는 것은 함께하는 일"

오래된 민가는 아니더라도 온마을이 이용하는 찻방처럼 주민에게 사랑받는 건축물이 있다면 다 함께 수리하고 고치면서 새롭게 애착을 가질 수 있지 않을까 생각합니다.

MAKER
06

구류 하루카 목욕탕과 마을 대표이사 / 분쿄건축회 청년회 대표

"만든다는 것은
 이어짐을 함께 생각해야 하는 일"

오랜 세월 사람들에게 사랑받아 온 목욕탕이 해체되는 모습 뒤로 뜬금없이 무기질의 고층 빌딩이 난립하는 상황을 보고 있자면 이어짐을 망각한 건축에 강한 의구심이 듭니다.

MAKER
07

아즈노 다다후미 리빌딩 센터 재팬 대표

"만든다는 것은 구출하는 것"

제가 하는 제작 활동의 축은 '구출'인데요, 옛집의 건축 자재를 구출해 사용할수록 폐기물을 줄일 수 있습니다. 만든다는 것은 구출하는 것이라고 생각합니다.

MAKER
08

히토스기 이오리 툴박스 집행임원 / 데드스톡 시공사무소 운영자

"만든다는 것은
　인간의 창의성을 해방시킬 환경을 구축하는 일"

문화란 한 사람의 힘으로, 한순간에 형성되는 것이 아니라 여러 사람에 의해 오랜 시간에 걸쳐 서서히 숙성되는 것입니다. 인간의 삶을 풍요롭게 하는 '만들기'라는 생업은 무척이나 창의적인 일이므로 이러한 창의성을 해방시키는 환경을 만들어 가는 것이 현재 저의 최대 관심사입니다.

MAKER
09

미즈노 후토시 미즈노 후토시 건축설계사무소 / 미즈노도예원 랩 대표

"만든다는 것은 세계를 바꾸는 일"

여기서 말하는 '세계'란 환경이나 타인이나 다른 생물 등 자기 자신 외의 모든 것을 총체적으로 일컫습니다. 자신의 몸과 감각을 통해 세계를 느끼고 스스로 어떤 일을 할 수 있을지 고민한 다음 물리적인 행동을 해 변화를 일으키는 일, 그것이 바로 만든다는 것 아닐까요.

MAKER
10

사나다 준코 돌담 쌓기 학교 대표이사 / 도쿄공업대학 교수

"만든다는 것은
그 땅의 역사에 자신을 채워 넣는 일"

제가 하는 활동은 주로 돌담을 복원하는 일이므로 '만들기'의 능동성과는 조금 거리가 있습니다. 옛사람들이 만든 것을 현재 삶의 모습에 맞도록 개량하며 복원합니다. 그때, 그곳에서 구할 수 있는 돌과, 그 돌의 특성에 맞는 방법을 모색하지요. 돌을 쌓는 작업은 그곳의 자연 환경이나 역사에 자신을 채워 넣는 일이라고 생각합니다.

MAKER
11

히라노 도시키 도쿄대학 특임강사

"만든다는 것은 액터와 액터의 상호 작용"

만든다는 것은 액터와 액터의 상호 작용이라고 생각합니다. 자신이 스스로 모든 것을 결정하는 특권적 존재가 아니라 타인이나 사물과 같은 선상에 있는 액터로서 다른 액터와 상호 작용하고 피드백을 주고받는 가운데 새로운 것을 창조해 나가는 것입니다.

MAKER
12

야마모토 히로코 유타대학 강사 / 디자인빌드유타 블러프 공동 디렉터

"만든다는 것은
함께 땀 흘리며 만들어 가는 일"

혼자서는 아무것도 만들 수 없음을 늘 느끼고 있습니다. 교육이나 주거 환경의 격차가 심한 미국 사회에서 어떻게 하면 공평성을 높이고 다양한 문제를 내 일처럼 여길 수 있을지를 고민합니다. '땀의 분담'이라는 말처럼 돈이 아니라 땀을 대가로 교환하는 즐거운 배움의 장을 만들고 있습니다.

MAKER
13

윤주선 충남대학교 건축학과 교수

> "만든다는 것은 우정을 쌓아가는 일"

저는 늘 '함께' 만듭니다. 함께 만드는 DIT는 어떤 커뮤니티 프로그램보다 빠르게 우정을 쌓는 방법이에요. 만들다 보면 어느새 허물없는 '나'를 내보이게 되고, 곁에 있는 '너'의 안전을 보살피게 되거든요. 그렇게 '우리'가 우정으로 함께 만든 공공공간이 다시 건강한 '우리들'의 공동체를 만든다고 생각합니다.

목차

머리말 —— 004

시리즈 강연 '만든다는 것은' —— 006

살기 위해 만든다, 만들기 위해 산다 —— 009

제1장 만들기 × 설계
시공 경험이 설계를 업그레이드 하다

MAKER 01
아라키 모토키 Motoki Araki
손으로 사고하다 - 만드는 데서부터 시작되는 디자인 —— 044

MAKER 02
모리타 가즈야 Kazuya Morita
미장 기술자에서 건축가로 - 교토의 흙벽 기술을 현대 건축에 —— 060

MAKER 03
야마구치 히로유키 Hiroyuki Yamaguchi
오키나와에서의 설계와 시공 - 사람과 사람들과 땅의 참여 —— 080

제2장 만들기 × 지역
친근한 장소를 즐겁게 바꾸다

MAKER 04
니시야마 메이 Mei Nishiyama
지역과 밀착한 공간에서 삶을 디자인해 나가다 —— 102

MAKER 05
가마토코 미야코 Miyako Kamatoko
사라져 가는 초가지붕을 복원해 지역을 되살리다 —— 118

MAKER 06
구류 하루카 Haruka Kuryu
목욕탕과 마을의 생태계를 복원하다 —— 136

제3장 만들기 × 재료
창조적으로 소재를 발굴하다

MAKER 07
아즈노 다다후미 Tadafumi Azuno
옛집의 건축 자재를 업사이클링해 새로운 문화를 만들다 —— 160

MAKER 08
히토스기 이오리 Iori Hitosugi
전문가의 손길로 다시 태어난 폐기물 —— 176

MAKER 09
미즈노 후토시 Futoshi Mizuno
가업인 도예와 설계를 조합하다 —— 192

제4장 만들기 × 교육
미래 건축을 창조해 나갈 인재를 육성하다

MAKER 10
사나다 준코 Junko Sanada
돌담 쌓인 풍경을 뒷받침하는 기술 —— 212

MAKER 11
히라노 도시키 Toshiki Hirano
포스트 디지털 시대, 건축의 본질 —— 228

MAKER 12
야마모토 히로코 Hiroko Yamamoto
손으로 생각하고 몸으로 만드는 디자인빌드 교육의 실천 —— 244

MAKER 13
윤주선 Yoon Zoosun
발로 하는 건축과 팔로 하는 건축으로 마을을 재생하다 —— 260

편저자

코노 나오 Nao Kono
'건축물을 만드는 일'을 만들다 —— 278

곤도 도모유키 Tomoyuki Gondo
지금 왜 '만들기'에 주목하는가 —— 290

맺음말 —— 300

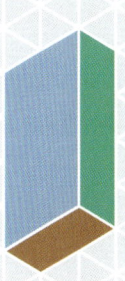

제1장 만들기 × 설계

시공 경험이 설계를
업그레이드 하다

손으로 사고하다 –
만드는 데서부터 시작되는 디자인

"2004년에 대학원을 졸업한 저는 취직을 못 한 채 반년 동안 자유로운 생활을 하다가 어느 설계사무소에 들어가게 되었습니다. 2년 반 정도 일한 뒤 회사를 떠나 반년 정도 오키나와에서 텐트 생활을 한 다음 아라키+사사키 아키텍츠를 차렸습니다. 사사키 씨 부부와 저, 이렇게 세 명이 대표로 있는 설계사무소입니다."

01

MAKER 아라키 모토키

아라키+사사키 아키텍츠의 건물은 얼핏 현대풍의 아틀리에처럼 보이지만 정성스런 손길이 닿은 흔적을 곳곳에서 확인할 수 있다. 현장 기술자와 협의하여 세부사항을 결정하고 흙벽돌 같은 소재에 도전하며 모쿠탄칸이라고 부르는 제품도 개발한다. 사무실에는 공방도 있다. 독립 후 셀프 빌드(Self-build) 기간을 거쳐 설계를 주축으로 하면서도 만들기를 염두에 두는 실천기(Hands-on approach)를 향해 가고 있는 지금, 아라키 모토키는 설계와 만드는 일 사이에서 균형을 찾아가고 있다.

설계사무소를 열 때 우리만의 특징은 무엇인지 생각하며 설계 방법론을 세웠습니다. '상황에서 발견한다', '손으로 사고한다', '근거 있는 판단을 쌓아 나간다'라는 세 가지 방법론으로 정리할 수 있었지요. 오늘은 두 번째 명제인 '손으로 사고한다'에 초점을 맞춰 말씀드리겠습니다. 간단히 말하면 손을 적극적으로 사용해 도면을 그리고, 모형을 만들면서 사고의 폭을 넓히고, 머리로 생각한 것과 손으로 생각한 것을 융합해 구체적인 하나의 건축물을 만들자는 겁니다.

　이러한 생각을 하게 된 계기부터 말씀드리겠습니다. 그림 1의 사진은 저희 본가에 있는 식탁입니다. 무척 낡았지요. 6인 가족이 4인용 식탁을 함께 사용했는데 제가 초등학생이던 어느 날 좁아도 너무 좁으니 대책이 필요하다는 결론이 났습니다. 저와 아버지가 홈센터에서 36합판 크기의 집성재를 사 와 식탁에 잘라 붙였는데 웬걸, 무척 편리하더군요. 이렇게 직접 무언가를 만들면 삶이 쉽게 달라진다는 경험이 기억에 남게 되었습니다.

또 다른 기억 하나는 중학생 시절 미술 시간 과제로 카세트 테이프 수납 상자 만들기가 나왔을 때입니다. 나무의 절단면을 사포로 매끄럽게 다듬는 작업에 빠져 매일 수업이 끝나면 미술실로 가서 하염없이 사포질을 했습니다.

취직 후 선배의 업무를 인수인계 받아 처음으로 현장 감리를 나간 날, 13m나 되는 강관 말뚝을 10개고 20개고 지면에 박아 넣는 작업을 지켜보면서 '이 말뚝은 오늘 땅에 들어가면 이제 두 번 다시 땅 위로 올라올 일이 없겠지' 하고 새삼 놀랐습니다. 이때 '건축은 지구에 되돌릴 수 없는 영향을 끼치는 행위이며 설계는 건축의 일부이므로 책임감을 가져야 한다'라는 생각을 했고 지금도 이 생각은 제 사고의 바탕을 이루고 있습니다.

회사를 관두고 6개월간의 텐트 생활도 정리했을 때, 마침 사사키 씨 부부가 전람회장 설치 공사를 함께하지 않겠냐고 제안해와 함께 단열재의 기능을 체감할 수 있는 소파를 만들

그림 1. 본가의 식탁

그림 2. 트리머 작업

었습니다. 그림 2는 제가 트리머를 사용해 단열재의 도면 기호처럼 모양을 가공하고 있는 모습입니다. 설계사무소를 차린 뒤 수주한 첫 프로젝트에서는 시간도 있고 용접 작업 경험도 있었기 때문에 직접 철을 사용해 레스토랑에서 사용할 테이블과 의자를 만들었습니다. 다만 어쩐 일인지 직접 용접한 결과물들이 안정감 없이 건들건들 흔들리더군요.

셀프 빌드 기간 -
설계부터 시공까지 모든 과정에 관여하다

아라키+사사키 아키텍츠의 초창기를 셀프 빌드 기간이라고 이름 붙여 봤습니다. 이때는 설계부터 시공, 감리까지 공사 전체를 오롯이 맡아 수행했습니다.

이러한 방식을 적용한 최초의 프로젝트가 <아쿠비(Aku-bi)>라는 이름의 작은 빵집이었습니다[그림 3, 그림 5]. 설계 단계에서는 항상 '맥락(Context)에서 발견한다'라는 명제를 염두에 두기 때문에 지역, 입지, 동선 등의 상황을 이해하려

그림 3. <아쿠비>의 파사드

그림 4. 시공 첫날의 해체 작업 모습

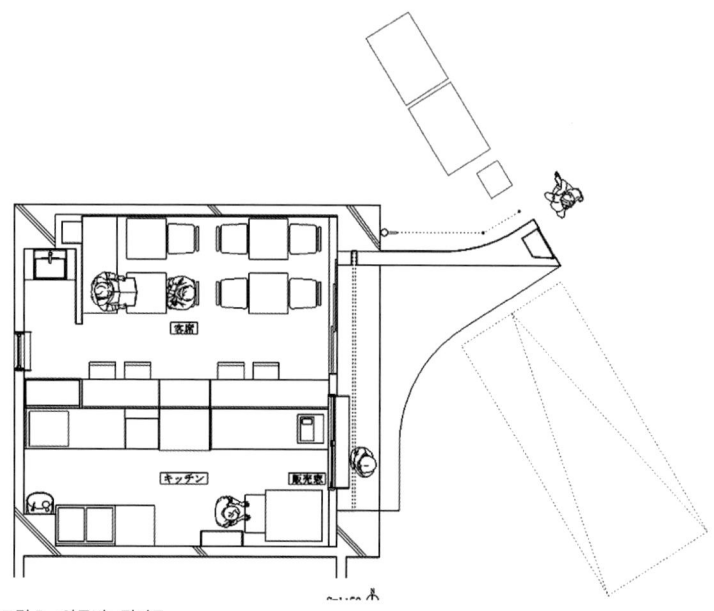

그림 5. <아쿠비> 평면도

고 노력했습니다. 도로에서 봤을 때 사람을 불러 들이는 느낌을 주는 차양과 벽을 냈습니다. 이 벽은 가게 안에서 자판기의 뒷면이 보이지 않도록 가리는 역할도 합니다. 도로에서 보이는 벽이 쇼케이스의 역할을 하며 자판기와 나란히 서 있도록 계획했습니다. 벽 안쪽에는 차를 한 대 주차할 수 있고 벽이 지하의 가스관과 겹쳐지지 않도록 설계했습니다.

당시에는 현장을 전혀 몰랐기 때문에 일요일에 신고도 하지 않고 해체 공사를 시작했다가 관리인에게 엄청난 항의를 받기도 했습니다[그림 4]. 다음 날에는 넥타이를 맨 채 청소부터 하려고 했으니 말 다했죠. 이 프로젝트는 설비 공사, 미장 공사, 가구 공사 등을 몽땅 분리해서 발주하고 직접 감리를 했습니다. 사사키 씨 부부와 함께 페인트칠을 하고 바닥을 깔고 의뢰인에게 확인을 받는 과정에 이르는 A부터 Z까지 전부 저희가 직접 했습니다.

다음 프로젝트는 <스타우트(stout new ladies shop)>라는 지하 매장의 인테리어 공사였습니다[그림 6]. 이때도 '상황에서 발견한다'라는 명제를 중심에 두는 한편 이전 현장에서 발견한 벽 기초 자재로 디스플레이용 진열장이나 집기를 만드는 등 지난 경험을 설계에 반영했습니다. 이 현장은 지금 제가 강사로 서고 있는 인테리어 디자인 전문학교 ICS 컬리지오브아츠의 학생들과 함께 작업했습니다. ICS에는 공방이 있기 때문에 공방에서 만들 수 있는 것들은 가급적 모두 만든 다음 현장으로 들고 왔습니다. 예를 들어 중고 비계널

그림 6. <스타우트> 내부 모습

로 만든 선반은 절단면을 잘라 목재의 오래된 면과 새로 가공한 면을 모두 보여 준다거나 앤티크 문을 자유롭게 잘라 사용하는 등 소재를 탐구하고 설계·제작·시공을 수행해 나갔습니다. 수많은 사람들과 하나의 목표를 향해 가는 일은 일본 축제에서 신을 모신 가마를 함께 메고 가는 일과 비슷한 면이 있습니다. 참고로 저희가 현장 작업에 투입될 때는 현장 작업자로 보고 공임을 산출합니다.

실천기(Hands-on approach) -
설계를 주축으로, 만들면서 사고하다

이 무렵 문득 '어라, 우리가 하고 싶었던 일이 뭐더라?' 하는 생각이 들었습니다. <아쿠비> 시절부터 현장에서 PC를 켜고 도면을 그렸기 때문에 이 일이 호락호락하지 않다는 것을 알고 있었습니다만 시공을 하다 보니 설계할 시간이 없어지고 점점 '원래 설계가 하고 싶었던 거 아닌가?' 하는 의구심이 짙어졌습니다. 이후 일하는 방식을 조금씩 조정했습니다. 이 시기를 셀프 빌드 기간과 구분해 '실천기'라고 부르고 있습니다.

이 시기에 있었던 가장 큰 변화는 사무실 안에 공방을 만든 것입니다[그림 7]. 사무실의 제작 환경을 정비해 '만들면서 사고할 수 없을까?' 하고 고민한 결과였습니다. 공방에는 각도절단기(miter saw)를 비롯한 목공용 공구가 세트로 갖추어져 있어 가구 샘플을 만들거나 잠시 후 소개할 모쿠탄칸을 가공할 수 있습니다. 대략 100㎡의 사무실 공간 중 공방은

그림 7. 사무실 내 공방의 모습

30㎡ 정도를 차지하고 있고 <스타우트> 프로젝트 당시 학생 신분으로 도움을 주었던 오카 씨를 제작 전문 직원으로 영입했습니다.

주택 공사를 하며 깨달은 점

이 무렵 회사에서 처음으로 신축 주택인 <마쓰타케다이의 집> 의뢰가 들어와 새로운 마음으로 모형스터디에 전념했습니다. 모양이 불규칙한 108㎡ 크기의 토지에 2세대 일곱 명의 가족, 두 마리의 개와 고양이가 함께 살아갈 주택을 설계했는데, 한정된 면적에 어떻게 성인 가족 구성원의 주거 공간을 확보할지가 관건이었습니다.

완성된 집을 기준으로 부지가 불규칙한 모양인 점 등을 고려해 크게 세 영역으로 나누고, 각 영역 사이에 유리로 만든 삼각형 형태의 공간을 만들어 넣었습니다. 바닥의 높이는 지면의 높이에 맞췄습니다[그림8]. 단차가 있거나 외부에 있는 듯한 느낌이 나는 공간을 군데군데 넣어 실제로는 가까이 있더라도 거리감이 있어 모든 가족 구성원이 한 공간에서 생활할 수 있도록 계획했습니다. 예를 들어 아래 사진을 보시면 안쪽에 방이 보이는 동시에 외벽이나 외부 채광이 눈에 들어옵니다. 더 안쪽으로 들어가면 부엌이나 아래층의 바닥이 보입니다.

두 번째 신축 주택 <시로야마의 집>은 철공 기술자와 긴밀히 협력한 프로젝트였습니다. 오타 다쿠미(太田拓見) 씨의 공방에서 철의 강도가 어떤지, ø19의 순수한 철근은 어떻게 흔들리는지, 재료면에 클리어코트를 도장하면 어떻게 보이는지 등 여러 가지 특성을 확인했습니다. 철은 의외로 순종적이고 부드러운 재료라는 사실도 알게 되었습니다. 현장으로

그림 8. <마쓰타케다이의 집> 외관

그림 9. <마쓰타케다이의 집> 내부 모습

그림 10. <시로야마의 집> 철공 공사 모습

도 철공 기술자를 불러 목공 기술자와 함께 계단의 무늬, 처마 프레임, 장작 난로 차열판, 난간 등을 만들었습니다[그림 10]. 사진에 검은색으로 보이는 부분은 거의 다 철입니다. 설계에서는 네 변이 각 1.81m인 기둥이 없는 사각형 공간 한가운데 천창을 내고 집이 어떤 모습으로 바뀌어도 천창은 남아 있도록 계획했습니다[그림11].

그림 11. <시로야마의 집> 천창

의뢰인과 함께하는 집 짓기

<아지로의 집> 프로젝트에서는 의뢰인이 최대한 건축 공사에 참여해 집 짓는 과정을 배우고 싶다고 요청해 왔습니다. 저희의 업무 방식을 이해하고 동참 의사를 밝힌 첫 번째 사례였습니다. 공사에 필요한 목재는 의뢰인의 삼촌인 시게루 씨가 사는 산에서 베어 와 제재했고 의뢰인 지인의 가구 공장에서 건조한 뒤 현장으로 가져왔습니다. 한편 사무실에서는 의뢰인과 함께 작업을 진행할 수 있도록 시공하기 쉽고 보기에도 좋으며 강도도 충분한 벽 공사 방법을 스터디했습니다 [그림 12]. 아울러 몇 번의 시행착오 끝에 현장의 흙을 사용해 벽돌을 제작한 다음 의뢰인 및 의뢰인의 지인과 함께 장작

그림 12. <아지로의 집> DIY 작업

난로 주변에 쌓아 올렸습니다. 기초 공사 때 대량의 흙이 발생하는데, 처분에 돈이 들고 아깝기도 해서 이를 어떻게 활용할지 고민한 결과였습니다. 그 밖에도 왕겨를 벽에 넣어 단열재로 사용하고 싶다는 의뢰인의 의견을 반영해 벽의 첫 부분을 만들기도 했습니다. 옛날에는 어떻게 벽에 왕겨를 넣었는지 정보를 모으고 벽의 위아래에 뚜껑을 만들어 나중에라도 열어 보고 왕겨 충전량을 확인하거나 보수할 수 있도록 설계했습니다.

이 집은 2013년에 준공되었습니다. 이후에도 의뢰인은 직접 창고나 휴게실을 짓기도 하고 저희에게 바닥 시멘트 공사, 나무 데크 공사, 책상 만들기 등을 의뢰하기도 했습니다. 의뢰인처럼 이 집은 지금도 진화하고 있습니다.

이 무렵부터 우리 회사가 오랜 시간과 자연과 인공이 적절히 어우러진 '소재'에 관심이 있다는 사실을 조금씩 깨달았습니다. 그중 특히 '시간'을 염두에 둔 프로젝트가 <아사카의 3동 재정비 계획>입니다. 의뢰인은 본동을 개보수하고 본동 옆, 석재로 만든 창고와 별동을 해체한 뒤 가족의 유품을 보관할 수 있는 공간을 짓고 싶다고 했습니다. 하지만 현장을 둘러보고 의뢰인의 이야기를 듣다 문득 가족의 기억을 보존하려면 석재로 만든 창고를 가족의 아이덴티티로 남기고 1층의 절반을 갤러리 형식으로 꾸며 가족의 유품을 전시하는 게 좋겠다 싶었고 그대로 의뢰인에게 제안했습니다. 그 결과는 그림 13에서 보시는 바와 같습니다.

그림 13. <아사카의 3동 재정비 계획> 외관 ©다카하시 사카에

    소재도 신경 썼습니다. 신축되는 부분에도 석재 창고와 같은 재료인 오야이시 돌을 사용하고 싶었던 저는 사무실에서 오야이시 가루를 섞어 모르타르 샘플을 만들고 이를 참고삼아 미장 기술자에게 바탕이 드러나도록 시공해 달라고 요청했습니다.

    <고쿠라쿠지의 집>[그림 14]에서도 의뢰인과 여러 가지 작업을 함께했습니다. 플렉시블 보드에 페인트칠을 해서 붙이고, 흙벽돌도 만들었습니다. 의뢰인이 <아지로의 집> 의뢰인과 지인이라 서로의 현장에 방문해 함께 작업했는데 목재가 필요하면 (앞서 언급했던) 시게루 씨에게 요청하라는 조언을 해 주셨습니다. 덕분에 이야기가 잘 진행되어 시게루 씨에게서 목재를 받아올 수 있었습니다. <고쿠라쿠지의 집>

의뢰인은 현대미술가로, 시중에 판매하는 타일에 고래 그림을 그려 굽고 잘게 쪼갠 뒤 다시 모아 붙여 독특한 분위기를 내기도 했습니다[그림 15]. 이 집 역시 준공으로 끝이 아니었습니다. 커튼 훅이나 훅 제작용 도구를 만들고 알루미늄을 구부려 비누 받침대를 만드는가 하면 집의 지도를 커튼으로 만들기도 하면서 의뢰인은 오랜 시간 정성 들여 집을 꾸며 가고 있습니다.

의뢰인이 집 짓기에 참여함으로써 서서히 집 짓는 작업을 친근하게 느끼게 되었고 덕분에 집이 다 지어지고 나서도 계속 무언가를 만들어 내는 환경이 형성되었다고 생각합니다. 지금은 건축물을 만드는 일이 삶과 동떨어져 있지만 이처럼 집 짓기가 사람들의 삶과 더 가까워질 수 있기를 바랍니다.

그림 14. <고쿠라쿠지의 집> 외관 ©다카하시 사카에

그림 15. <고쿠라쿠지의 집> 화장실 타일

자연과 인공이 적절히 어우러진 소재

마지막으로 '소재'에 관해 말씀드리고자 합니다. 모르타르 거품집에 나무 파편을 집어넣어 만든 벽돌을 예로 들 수 있는데요. 이렇게 하면 자연 상태의 나무가 드러나는 벽돌, 다시 말해 사람 손을 타긴 했지만 자연이 느껴지는 소재를 만들 수 있습니다. 조금 전에 언급한 석재 창고의 경우 슬리브가 통과할 수 있도록 오야이시를 원통형으로 뚫어 기하학적인 형태로 만듦으로써 자연의 돌덩어리와는 달리 보이도록 연출했는데요. 저는 이런 작업에 무척 매력을 느낍니다. 개인적인 취향이지만 저는 덩어리 형상이 좋습니다. 나무든 철이든 돌이든 흙이든 불순물이 없는 자연 그대로의 덩어리 말이죠. 그러한 재료의 질감과 존재감이 좋아서 일부러 자주 사용합니다.

제가 만든 목재 규격 부재인 '모쿠탄칸'[그림 16] 역시 자연과 인공이 적절히 어우러진 '소재'라고 생각합니다. 이 소재는 리노베이션 프로젝트를 할 때 "인테리어에 철 단관 파이프를 사용했으면 좋겠다"라는 의뢰인의 요구 사항에서 탄생했습니다. 의뢰인은 재택 근무를 하는 분이었는데 업무 공간은 철 단관 파이프로 꾸미더라도 거실 같은 생활 공간까지 철 파이프로 꾸미면 너무 딱딱한 느낌이 들 것 같았습니다. 그러던 중 현장에서 원통 형태의 목재를 사용해 보자는 아이디어가 나왔습니다. 모쿠탄칸이 탄생하게 된 순간이지요. 제작 업체에 의뢰해 모쿠탄칸을 제작했습니다. 업무 공간은 철 단관으로, 거실은 모쿠탄칸으로 설계했습니다. 파사드에도

그림 16. 모쿠탄칸

사용했습니다. 그 밖에도 거주자가 생활하면서 자유롭게 변경할 수 있도록 계획했습니다.

이후 모쿠단칸을 제품화해 판매하기 시작했습니다. 판매된 모쿠탄칸은 행사 현장이나 상가 인테리어용 자재로 사용되기도 하고 다른 제품을 만드는 재료가 되기도 했습니다. 모쿠탄칸으로 만든 제품은 시공사무소를 거치지 않고 소비자가 공장과 직접 거래할 수 있다는 점도 큰 장점입니다.

미장 기술자에서 건축가로 –
교토의 흙벽 기술을 현대 건축에

 "학창 시절부터 기술자나 무언가를 '만드는' 사람이 되고 싶었습니다. 제가 대학에 입학했을 당시는 일본의 거품 경제가 절정을 이루던 시기로, 교토 시내에는 다카마쓰 신을 비롯한 여러 건축가의 포스트모던 건축물이 들어서고 언론에도 대대적으로 보도되었습니다. 대단하다는 생각이 드는 한편으로 이런 건물은 어떻게 해야 설계할 수 있는지 전혀 감이 오지 않았습니다. 건축을 어떻게 공부하면 좋을지 고민하던 중 서점에서 『안도 다다오의 도시방황』이라는 책을 발견했습니다. 청년 시절의 안도 다다오가 전 세계 여러 도시에서 건축물을 보고 느낀 점을 쓴 책으로, '건축을 하고 싶다면 여행을 하라'라는 문구가 몇 번이고 적혀 있었습니다."

02

MAKER 모리타 가즈야

모리타 가즈야는 미장 작업까지 가능한 건축가다. 학창 시절 건축물이 어떻게 지어지는지 알고자 책을 읽고, 카누를 사서 마을을 여행하고, 휴학 후 세계 각지를 방랑했다. 대학 졸업 후에는 미장 작업을 배워 기술자로 독립했다. 여행을 하면서 보고 들은 것들은 현장 일과 이어져 있었고 미장 전문가를 꿈꾸던 날들은 해외에서 본 길모퉁이와 맞닿아 있었다. 그 바탕에는 모두 원시적인 기술이 지닌 보편성이 자리하고 있었다.

'좋아, 그렇다면 여행을 가야겠구나' 하는 생각이 들더군요. 당시 주변 친구들은 대체로 한달 정도 유럽의 건축물을 보러 가는 식으로 여행했습니다. 무작정 친구들을 따라 하고 싶지는 않다고 생각하던 중에 노다 도모스케의 『일본의 강을 여행하다』라는 책을 읽었습니다. 노다 도모스케는 카누를 타고 일본 각지의 강을 여행하는 카누이스트입니다. 카누 여행은 보통의 여행과는 목적지도 다르고 전혀 다른 세계를 볼 수 있기에 재미있을 것 같아서 아르바이트로 모은 돈으로 조립식 카누를 샀습니다. 그리고 일본 곳곳의 강을 찾아가 일주일 정도씩 카누를 타며 여행했습니다[그림1]. 중간중간 마을에 내려 산책도 하고 강변에 텐트를 치고 숙박하다가 마을 주민에게 메기를 얻기도 했습니다. 덕분에 관광지가 아닌 평범한 마을을 잔뜩 구경할 수 있었습니다. 예를 들어 비가 많이 내리고 사면에 자리한 마을이 많은 시만토강 유역에서는 튼튼한 축대 위에 처마를 길게 내어 집을 짓는 게 인상적이었습

그림 1. 고치현 시만토강을 카누로 여행하는 모습

니다.

 여행하는 동안 건축물의 형태는 지역의 기후 및 조달할 수 있는 소재와 밀접한 관련이 있다는 사실을 깨닫고 그런 집이라면 직접 설계해 볼 수 있겠다는 생각이 들었습니다. 마침 학교 강의 시간을 통해 버나드 루도프스키의 『건축가 없는 건축』이라는 책을 알게 되었습니다. 책에는 중국의 지하 주택 '야오톤' 등 건축가가 설계한 건축물이 아니라 그 땅에 사는 사람들이 살아가기 위해 스스로 만들어 낸 독특한 마을이나 건축물이 실려 있었습니다.

 비슷한 시기에 친구의 추천으로 사와키 고타로의 『나는 아직 도착하지 않았다』를 읽었습니다. 약 1년 반에 걸쳐 인도에서 유럽까지 육로로만 여행하는 이야기가 담긴 책입니다.

이에 영감을 받아 해외에 있는 '건축가 없는 건축'을 모조리 보고 오자는 생각으로 학교를 1년 휴학하고 여행을 떠났습니다.

지역의 풍토를 반영한 건축물 여행

당시 해외로 나가는 가장 저렴한 방법은 고베에서 간진호라는 페리를 타는 것이었습니다. 1만 6천 엔으로 상하이까지 간 다음 육로를 따라 계속 서쪽으로 이동하며 관광객이 가지 않는 벽촌들을 여행했습니다. 중국에서는 조금 전 언급했던 야오툰을 찾아 황투고원 오지에 들어갔고, 신장 위구르 자치구의 오아시스 도시 '투루판'[그림 2]에서는 일건 벽돌로 지은 포도 건조 창고와 흙색이 그대로 드러난 모스크를 봤습니다.

그림 2. 포도나무 그늘에서 휴식하는 투루판 사람들

이어 고속도로라는 이름이 무색하게 울퉁불퉁하고 낡은 카라코람 고속도로를 이용해 파키스탄으로 입국한 후 다시 인도로 향했습니다. 타지마할 같은 관광지도 보러 갔는데 이미 잘 알고 있는 건축이라 생각했지만 자세히 살펴보니 만든 사람들의 끈기 있는 솜씨를 느낄 수 있었습니다. 예를 들어 대리석을 조각해 그 안에 염색한 대리석 조각을 초정밀 가공해 채워 넣었더군요. 기술자들의 이러한 수작업에도 관심이 생겼습니다.

이후 파키스탄 기차에 올라 도둑의 습격을 가까스로 피해 국경을 넘어 이란으로 갔습니다. 이란의 주택에는 바드기르라고 불리는 바람 탑[그림 3]이 있는데 이 탑은 사막의 바람을 모아 물동이 사이로 통과시켜 기화열로 시원하게 냉각된 바람을 집 안으로 보내게끔 되어 있습니다. 혹독한 생존 환경 속에서도 쾌적한 삶을 누리고자 한 인간의 지혜가 느껴지는 집이었습니다.

이란의 건축물 대부분은 일건 벽돌로 만들어져 있었습니다. 한편 이스파한의 모스크[그림 4]처럼 특별한 건축물의 표면에는 타일이 붙어 있습니다. 기하학적인 모양으로 다채롭게 재단된 타일을 한 장 한 장 까무러칠 만큼 정교하게 작업했더군요. 이처럼 서민이 만든 건축물과 고도의 기술을 총동원해 지은 건축물의 대비도 인상적이었습니다.

『건축가 없는 건축』에 등장하는 그리스 산토리니섬에도 갔습니다. 화산 분화로 생성된 절벽을 따라 계단 모양으로 작

그림 3. 야즈드의 바람 탑　　　　　그림 4. 이스파한의 모스크

은 집들이 돔 지붕이나 볼트 지붕을 얹은 채 늘어서 있고 외벽에는 회반죽이 칠해져 있었습니다. 지형과 조화를 이루면서도 개성을 유지하고자 한 균형 감각이 돋보였습니다.

여행을 하며 마주한 건축물들은 콘크리트, 철, 유리로 된 교과서 속 건축물들과 달리 대부분 돌, 나무, 흙, 짚으로 만들어져 있었습니다. 아울러 각 지역의 엄혹한 환경-비가 많이 오거나 덥거나 춥거나 고도가 높은 환경-에 적응한 결과물이었기 때문에 왜 그러한 형상을 띠게 되었는지 쉽게 이해할 수 있었습니다.

대학원 졸업 후 미장 기술자의 길로

귀국한 뒤에는 여행지에서 본 건축물의 건축 방식이 궁금해졌습니다. 그 지역의 기후와 구할 수 있는 소재에 따라 형태가 결정된다는 사실은 이해했지만 그 소재를 어떻게 가공해서 어떻게 건축물로 지었는지 더 구체적으로 알고 싶었습니다. 그래서 대학원을 졸업한 후에는 지인 소개로 만난 미장

그림 5. 교토 어느 사원의 흙담 복원 공사

기술자 밑으로 들어가 일을 배웠습니다. 사실 석공, 기와장이, 목수 일이라도 상관없었습니다. 그저 제일 처음 만난 사람이 미장 기술자였을 뿐이지요.

저는 매일 교토의 건축 문화재를 복원하는 일을 했습니다[그림 5]. 오래된 건물의 상한 부분을 해체하고 보수하는 일이었기 때문에 건물이 왜 상하는지를 배울 수 있었습니다. 어떤 형상으로 만들면 쉽게 상하는지, 어떻게 하면 오래 본모습을 유지할 수 있는지, '형상'이 얼마나 중요한지 매일 몸소 체감했습니다.

기술자의 세계는 대학 생활과는 전혀 달랐고 즐거웠습니다. 제가 일했던 곳에는 3명의 기술자와 저를 비롯해 3명의 도제, 이른바 수습 사원이 있었습니다. 전통 건축물 공사 현장에는 다양한 작업이 있기 때문에 기술이 뛰어난 작업자 외에 그들을 보조하는 사람도 필요합니다. 일을 시작한 지 얼마되지 않은 제가 맡은 일은 건축 문화재 벽 해체였습니다. 그 옛날 기술자들이 쌓아 올린 벽을 손으로 해체하는 작업이었기 때문에 보물 상자라도 여는 듯 마음이 설렜습니다.

솜씨 하나로 각지의 현장을 돌며 일하는 떠돌이 기술자도 만났습니다. 제가 만난 미야자와 기이치로(宮澤喜市郎) 씨 [그림 6]는 흙으로 지은 창고 등에서 볼 수 있는 '미가키'라는 미장 기술의 달인으로, 교토 시마바라 지역의 옛 연회 시설 '가도야'의 현관 벽을 '오쓰미가키'라는 기법으로 반짝반짝하게 마감했습니다. 이 같은 특별한 기술은 필요로 하는 곳이

그림 6. 미야자와 씨의 미가키 작업

한정되어 있으므로 떠돌이 기술자들은 늘 일본 전역을 떠돌며 일합니다.

근대 이전 건축 현장의 인원 구성은 대략 그림 7과 같았습니다. 성이나 창고 등 건축물 공사 중에서도 특히 어려운 공사를 담당하는 특수 기술자, 즉 떠돌이 기술자가 있고 그 밑에는 지역에 뿌리를 두고 일반적인 민가 공사를 수행하는 숙련 기술자, 즉 전문 기술자가 있습니다. 숙련 기술자 밑에는 기술자를 보조하는 도제나 현장 청소 및 정리를 담당하는 허드레꾼이 있지요. 이처럼 능력별로 다채롭게 구성되어 있고 적재적소에 인력을 배치함으로써 현장을 원활하게 운영했습니다.

요즘 현장과 그 옛날 현장의 또 다른 점은 '상호부조 공사'와 '도급 공사'라고 생각합니다. '상호부조 공사'란 상호 부조의 일환으로 건축주가 재료를 모으고 여러 사람의 협력을 얻어 건물을 짓는 것을 의미합니다. 이때 공사 책임은 건축주에게 있으며 기술자나 허드레꾼은 그저 손을 빌려줄 뿐입니다.

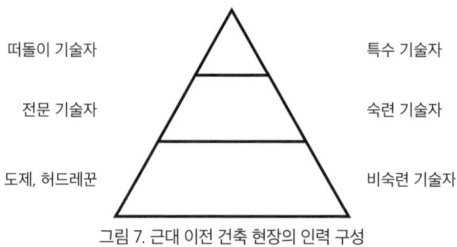

그림 7. 근대 이전 건축 현장의 인력 구성

그러나 화폐 경제와 함께 근대화가 이루어지면서 시공사무소나 건설 회사가 모든 책임을 지는 '도급 공사'가 보급되었습니다. 자연히 지역 주민이나 건축을 잘 모르는 평범한 사람들이 허드레꾼의 형식으로 공사에 참여할 기회가 사라지고 전문 인력만으로 공사를 진행하는 것이 일반화되었습니다.

전통 기술을 시대와 지역에 맞게 발전시키다

5년 정도 기술자로 수련을 거친 뒤 독립해서 설계 일을 시작했습니다. 기술을 몸에 익혔으니 직접 만들면서 설계해 보기로 한 것이죠.

교토의 <라토나 카페>[그림 8]에서는 제가 직접 구한 흙을 사용해 벽을 칠했습니다. 교토시 근교의 도로 공사 현장에

그림 8. <라토나 카페> 내부 모습

서 점토가 드러나 있는 장소를 발견하고는 그대로 트럭을 몰고 가 포대에 잔뜩 실어 왔습니다. 점토에 물을 섞고 걸러낸 뒤 짚과 모래를 넣어 벽에 발랐습니다[그림 9, 그림 10]. 덕분에 시중에 판매하는 흙 색깔이 아니라 그 지역의 흙 색깔을 띤 벽을 구현할 수 있었습니다. 이때는 상호부조 공사를 떠올리며 미장 초보자인 대학 후배들에게 보조 업무와 바탕 처리를 부탁한 후 마지막 마감만 함께 일하는 기술자에게 맡겼습니다. 아울러 해당 기술자와 협의를 통해 표면을 스펀지로 칠하거나 일부러 닦아 내어 짚을 노출시키는 등 문화재 현장에서는 적용하지 않는 마감 방식을 여러 시행착오 끝에 즉흥적으로 시도했습니다. 독립하기 전에 일하던 문화재 현장에서는 새로운 기술에 도전할 수 없었지만 <라토나 카페>에서는 평소에 시도하지 않던 새로운 도구나 기법에 도전했습니다. 생각지도 못했던 질감이 나타나는 것이 무척 흥미로웠고 현대 건축 현장에서도 미장 기술을 발전시킬 수 있는 여지가 있

그림 9. <라토나 카페> 공사 당시. 직접 가져온 점토를 정제하는 모습

그림 10. <라토나 카페> 현장에서 미장 작업을 하는 모습

다고 느꼈습니다.

마감 공사를 넘어 구조 공사에서도 미장 기술의 가능성을 확인한 첫 사례가 <콘크리트 포드(Concrete-pod)>입니다. 이는 일본콘트리트공학회가 주최한 전시회에 참가하기 위해 제작한 작은 공간입니다. 보통 흙벽은 대나무 윗가지 위에 흙을 발라 만드는데, 이때는 스티로폼으로 거푸집을 만들고 그 위에 유리 섬유가 들어간 백색 시멘트를 바른 뒤 굳기를 기다렸다가 거푸집을 떼어내는 방식으로 돔 형태의 작은 찻방을 만들었습니다[그림 11]. 일본의 미장 기술은 일종의 마감 기술로 목조 구조의 하위 개념이지만, 전통적인 미장 기술을 개량해 미장 재료만으로도 독립적인 구조를 만들어 보고 싶다는 발상을 실천한 것입니다.

다만 <콘크리트 포드>의 스티로폼 거푸집을 만드는 데는 엄청난 공이 들었습니다. 이 경험을 발판 삼아 풍선을 불어 거푸집을 대신한 것이 <사칸 셸 스트럭처(SAKAN Shell Structure)>입니다[그림12]. 공기를 불어 넣어 만든 공기막 돔 위에

그림 11. <콘크리트 포드> 모습. 불과 15mm라는 지극히 얇은 두께로 만들어진 콘크리트 찻방. 거푸집은 스티로폼으로 제작했다.

섬유 보강 시멘트를 바르고, 시멘트가 굳은 뒤 공기막을 제거하면 돔 형상을 간단하게 만들 수 있고 거푸집도 재이용할 수 있습니다. 이 방식을 공모전에 제안해 입상했고 이후에는 구조 실험을 거쳐 실험동까지 만들었습니다.

실제로 만들어 보니 공기막 거푸집에 공기를 넣는 일은 손쉽게 해결됐지만 표면이 풍선처럼 말랑말랑하다 보니 전문가라도 재료를 바르는 게 쉽지 않았습니다. 설사 발랐다 하더라도 금방 미끄러져 떨어지는 바람에 메시망을 씌우고 위에서부터 사방으로 균등하게 바르는 등 특유의 요령이 필요했습니다. 아울러 시멘트를 바를 때 거창한 비계 설비가 필요한 점 등 여러 과제가 남아 있다는 사실도 알게 되었습니다.

2012년 창원조각비엔날레 때 한국에서 만든 <브릭 포드(Brick-pod)>는 스페인의 미장 공법인 카탈루냐 볼트법을 활용해 벽돌 거푸집을 만들고 그 안에 섬유 보강 시멘트를 바른 돔입니다. 카탈루냐 볼트 공법이란 벽돌을 조금씩 바깥으

그림 12. <사칸 셸 스트럭처> 시공 모습. 모르타르가 굳은 뒤 거푸집으로 사용한 공기막을 제거한다.

그림 13. <브릭 포드> 시공 모습. 거푸집이 필요 없고 벽돌을 바깥으로 밀어내듯이 쌓아 가며 돔을 만든다.

로 밀어냄으로써 최소한의 비계 설비만으로도 벽돌 돔을 구축하는 독특한 미장 기술로, <브릭 포드>는 현지에서 이 공법을 배워 온 다니구치 닷페이(谷口達平) 씨를 초청해 만들었습니다. 참고로 건축가 안토니오 가우디의 작품에도 대부분 이 공법이 적용되어 있습니다. 앞선 작품에서 필요했던 대규모 비계 설비 대신 접사다리만 있으면 4.5m 높이의 돔을 만들 수 있었습니다[그림 13]. 이 건물은 벽돌을 얇게 쌓아 돔을 만들고 나중에 구멍을 뚫는 방식으로 출입구를 냈습니다. 안쪽에는 유리 섬유가 들어간 시멘트를 발랐기 때문에 흔들리기는 해도 무너지지는 않습니다. 이처럼 일본 고유의 미장 기술을 개량하는 한편 다른 기술을 조합하면서 무엇을 할 수 있을지 시행착오를 반복하며 시험해 나갔습니다.

원시적인 기술에서 발견한 가능성

앞서 설명한 활동을 이어가는 한편 원시적인 기술에도 관심이 생겼습니다. 늘 진화하는 것이 기술이라지만 지나치게 고도화되면 일반인이 참여하기가 어려워집니다. 게다가 기술이 지나치게 상세화되면 한정된 조건 외에는 사용할 수 없습니다.

 모로코 마라케시에서 회반죽 미장 기술을 접하면서 원시적인 기술에 관심을 가지게 되었습니다. 현지 재료로 만든 회반죽을 바른 뒤 돌로 표면을 갈고 닦습니다. 그런 다음 올리브 비누를 푼 물을 표면에 바르고 다시 돌로 갈고 닦으면 내

수성이 생기고 윤기가 납니다. 마라케시 시내 곳곳에서 해당 기술로 마감된 건물을 찾을 수 있었습니다[그림 14]. 앞서 언급한 미야자와 씨의 회반죽 미장 기술 '미가키' 마감과 기능도 겉보기도 똑 닮았습니다. 이 기술에서 특히 흥미로웠던 점은 '돌'이라는 평범한 도구를 사용한다는 것이었습니다. 이 기술은 옹기 항아리 표면을 마감할 때도 사용되는데, 일본에서는 초일류 기술자만 구현하는 기술을 모로코에서는 길가의 기념품 항아리를 판매하는 아저씨도 아무렇지 않게 구현해 낼 수 있었습니다. 다른 나라에서도 돌로 토벽을 마감하는 사진을 본 적이 있는데 아마 돌은 인류 최초의 미장 도구가 아니었을까 하는 생각이 듭니다. 이 원시적인 기술은 누구나 구할 수 있는 도구를 사용해 어떤 형태의 벽에도 적용할 수 있고 누구든 조금만 훈련을 받으면 습득할 수 있어 보편성이 있습니다. 그래서 지금도 여전히 널리 사용되고 있는 것이지요.

일본의 미장 기술 중에서도 특히 교토의 미장 기술은 매끈

그림 14. 회반죽을 돌로 갈고 닦는 모습 (마라케시)

매끈한 표면이 특징입니다. 하지만 지역의 초벽질만 한 농가에서는 아직도 원시적인 기술의 흔적을 확인할 수 있습니다. 오히려 이러한 기술들이 현대 기술이 잃어버린 건축의 가능성을 내포하고 있는 건 아닐까요? 근대 일본에서는 기술이 전문가의 영역으로 고도화되고 다듬어지면서 결과적으로 원시적인 기술은 사라지고 있습니다.

후쿠이현의 건축학과 학생들과 함께한 워크숍에서는 지역에서 구한 대나무를 버섯 모양으로 조립해 기초를 만들고 초벽질을 해 설치 미술 작품을 만들었습니다[그림 15]. 먼 옛날, 대부분의 지역 주민들이 민가를 직접 지었고 전문가는 그다지 관여하지 않았을 겁니다. 대나무 윗가지를 만드는 일도, 초벽질도 무척 간단한 기술로, 학생들 역시 전문가가 한두 시간 설명했을 뿐인데도 금세 따라 했습니다.

<고쇼니시의 상가 주택>은 교토시 로지오쿠에 있는 상가 주택을 리노베이션한 사례입니다. 옛 건물을 리노베이션할

그림 15. 초벽 설치 미술 작품 제작 현장

그림 16. <고쇼니시의 상가 주택> 초벽의 질감

때는 현대의 기술로 깔끔하게 마감해 버리기 일쑤지만 이 공사에서는 건물의 역사와 함께 기술의 역사도 느낄 수 있도록 일부러 기존 건물에 사용된 기술보다 더 오래된 기술을 사용하겠다는 계획을 세웠습니다. 봉당에 깔린 콘크리트를 해체하고 흙다짐으로만 마감하고 대나무 윗가지 위에 초벽질만 해 벽을 만들었습니다[그림 16]. 봉당의 흙바닥도, 초벽도 천년 이상의 역사를 지니고 있으므로 집의 역사보다도 오래된 기술입니다. 그래서인지 공사가 끝난 <고쇼니시의 상가 주택>에서는 건물 역사 이상의 '역사'가 느껴집니다.

그림 17. <고쇼니시의 상가 주택> 봉당은 흙다짐으로만 마감했다.

다시 원점으로

저희 회사에서는 최근 두세 명 정도 되는 상근 직원에게 설계 업무 외에도 간단한 현장 공사를 맡기고 있습니다. 지난 10년 동안은 설계가 복잡하고 공사도 어려워서 일류 기술자만 해 낼 수 있는 작업이 많았고 결과적으로 저희가 직접 현장에서 땀 흘릴 기회가 거의 없었습니다. 지금은 다시 원점으로 돌아가 직접 만드는 즐거움을 되찾고자 노력하고 있습니다. 원시적인 기술로, 여러 사람과 함께, 시간과 정성을 들여 건물을 짓는 방식이지요. 최근에는 저희 집 옆에 있는 빈집을 매입했습니다. 고쳐서 숙박 시설로 쓸 생각이지요. 이곳의

그림 18. 집 옆에 있는 빈집을 리노베이션하는 모습.

흙벽 작업에는 저도 참여하고 있는데 벽에 흙을 바를 때면 흙과 대화를 나누는 듯한 느낌이 들어 무척 즐겁습니다[그림 18]. 외벽에 붙일 삼나무 판자도 저희가 직접 태웠습니다.

원초적인 기술이 지닌 가능성은 세 가지 정도를 들 수 있습니다. 첫째는 '포괄성'으로, 여러 사람이 쉽게 참여할 수 있다는 점입니다. 말씀드린 바와 같이 원시적인 기술은 까다롭지 않고 누구라도 참여할 수 있어 옛사람들처럼 '유대 관계'를 형성하는 데도 중요한 역할을 할 수 있습니다. 둘째는 원시적인 기술이 지닌 울퉁불퉁한 질감, '불균질성'입니다. 공업 제품이 넘쳐나는 현대 건축물과 비교했을 때 울퉁불퉁한 표면이나 균열 간 흙이 오히려 더 높은 가치, 더 독특한 고유성을 지니는 것이 아닐까 생각합니다. 셋째는 마치 축제에 참가한 듯 여러 사람이 함께 무언가를 만드는 즐거움을 공유할 수 있다는 점입니다. 지금은 전문가가 독점하고 있는 '건축물 만드는 일'이라는 즐거운 경험을 모두가 되찾을 수 있기 바랍니다. 그때 바로 이 원시적인 기술은 든든한 내 편이 되어 줄 것입니다.

오키나와에서의 설계와 시공 –
사람과 사람들과 땅의 참여

"저희 '건축의사'는 오키나와 본섬 남부, 난조시에 자리하고 있습니다. 현재 3명의 설계 직원과 2명의 목수가 함께 일합니다. 매년 2동 내지 3동의 신축 주택을 설계하고 시공합니다. 설계사무소라기보다는 지역의 소규모 시공사무소라고 하는 편이 더 정확하겠네요."

03

MAKER 야마구치 히로유키

오키나와의 건축은 사회 변화와 함께 독자적인 역사를 걸어왔다. 지금도 철근 콘크리트 주택이 과반수를 차지하고 설계와 시공을 함께하는 시공사무소의 수가 적으며 개인 설계사무소에 설계를 의뢰하는 경우가 많다. 야마구치 히로유키는 교토에 있는 대학에서 설계를 전공하고 목조 구조를 만드는 일을 경험한 다음 오키나와로 이주했다. 이러한 이력 덕분에 오키나와에서도 목조 주택 설계부터 시공까지 함께하고 있다. 삶의 여정이 건축물 만드는 방식으로 귀결되어 가는 모습이 오키나와 닮은 구석이 있다.

2001년, 저는 교토시 북쪽 외곽 산속에 있는 교토세이카대학 건축학과를 졸업했습니다. 작은 미술대학입니다. 건축학과 강의실은 캠퍼스 가장 안쪽에 있어서 조각이나 유화 작품이 완성되어 가는 모습을 곁눈질하며 제도실로 향하는 게 일상이었습니다. 타 학과 학생이 자신의 손으로 작품을 만드는 모습을 부러운 눈길로 쳐다보았지요. 수업 시간에 추상적인 설계 과제를 받고 더듬더듬 모호한 말을 웅얼거리고 있으면 교수님은 "그래서 콘셉트가 뭐라고요?" 하고 되물었습니다. 강평회가 정말 싫었어요. 흰 모형 형식으로 졸업 작품을 제출하는 것을 거부한 저는 몸을 움직이고 싶어서 직접 리노베이션 공사를 수행해 제출하기로 했습니다. 이것이 제 첫 시작이었습니다. 졸업 후, 건축 일은 좋았지만 설계사무소에 근무하고 싶지는 않았습니다. 그렇다고 딱히 다른 일을 하겠다고 정해 둔 건 아니었어요. 카페에서 점장으로 일하기도 하고 개인적으로 의뢰를 받아 창고 건물이나 가구를 만들기도 하고 목공 기술자 밑에서 일도 배우면서 지냈습니다. 그러던 중 오키나와에 사는 친구가 집을 지어달라고 연락을 해왔습니다.

대만고무나무 아래 지은 <다마키의 집>

2005년, 오키나와에 이주한 이래 첫 프로젝트를 맡았습니다. 의뢰인은 발이 넓은 사람으로, 마을 회관처럼 여러 사람을 초대할 수 있는 집을 짓고 싶다고 했습니다[그림1~3]. 부지 남쪽, 도로 바로 옆에는 커다란 대만고무나무가, 북쪽에는 거대한 바위가 있었습니다. 두 축의 선상에 주실을 배치했습니다. 오키나와에는 철근 콘크리트 주택이 대부분이지만, 오키나와 전통 목조 주택이 제 마음을 끌었습니다. 교토에서 목수 일을 경험한 적도 있었기 때문에 목조 주택으로 지어 보자고 의뢰인에게 제안했습니다.

그러나 당시 오키나와에는 프리컷 공장도 없었을뿐더러

그림 1. <다마키의 집> 공사 현장. 바위를 풍경으로 둔 채 목공 작업을 하는 모습

그림 2. <다마키의 집> 외관

그림 3. <다마키의 집> 준공 사진. 부지 안쪽에 있는 바위

다른 곳에서는 손쉽게 구할 수 있는 목재나 철물도 구하기가 어려웠습니다. 당시에는 변변찮은 인터넷 쇼핑몰도 없었습니다. '오키나와에서 손쉽게 구할 수 있는 재료는 무엇일까?' 목재소, 철물점, 홈센터에 출근 도장을 찍다시피 하며 재료를 찾아다녔습니다. 결국 규슈에서 삼나무 제재목을 들여 와 현장에서 직접 가공해 사용하기로 했습니다. 먹매김을 할 수 있는 전문가를 찾지 못해 교토에 있는 목공 기술자에게 지원을 요청했습니다. 아파트를 빌려 함께 합숙했습니다. 바다에서 100m 정도 떨어진 현장에는 늘 바람이 불었습니다. 대만 고무나무 그늘 아래, 톱과 끌을 사용해 목재를 하나하나 깎아나가는 작업은 정말 즐거웠습니다. 그런 날들이 제가 오키나

와에서 건축 일을 계속할 수 있는 원동력이 되어 주었습니다.

오키나와라는 외딴섬에서 건축물을 설계하려면 '형상'을 생각하기보다는 '재료'와 '구축 방법', 건축의 생산 시스템 자체에 주목해야 합니다. '무엇을 만들 것인가'가 아니라 '어떻게 만들 것인가'가 저의 과제였습니다.

의뢰인이 함께 지은 <다카시호의 집>

정원사인 남편과 도예가인 아내를 위한 집입니다. 삼각형 부지에, 주거 외에도 도예 작업실, 사무실 등 여러 용도를 겸할 집이 필요했습니다. 부지는 한적한 전원 풍경이 남아 있는 오키나와 본섬 중부의 요미탄무라에 있었습니다. 용도를 만족할 최소한의 별동 면적을 잡아 부지 중앙의 중정을 둘러싸듯 배치하고 별동과 부지 경계 사이의 틈에도 저마다 다른 테마의 정원을 계획했습니다. 정원은 정원사인 의뢰인이 작품을 구상하는 공간이었지요.

직접 공사에 참여하고 싶다고 먼저 말씀을 꺼낸 건 남편분이었습니다. 목수 일을 해 본 적이 없는, 말 그대로 '초보자'가 집을 지을 수 있을까요? 아니 질문을 바꾸겠습니다. '초보자'가 공사한다고 전제했을 때 어떻게 설계해야 할까요?

가장 먼저 고려할 것은 안전입니다. 고소 작업은 위험하지요. 건물 높이를 낮추기 위해 단층집으로 구성하고 되도록 6단 사다리에 올라 손이 닿는 범위에서 작업한다고 가정했습니다.

둘째는 '어디에서든 구할 수 있는 재료를 사용하는 것'입니다. 오키나와에서는 통칭 '고부이타'라고 부르는 두께 15mm의 삼나무 판재를 홈센터나 집 근처 목재소에서 언제든지 저렴하게 구매할 수 있습니다. 이 재료를 내외장 마감의 주요 재료로 사용했습니다.

셋째는 '단순한 반복 작업으로 만들 수 있을 것'입니다. 지붕에는 골 함석판을 깔고 내외부 벽에는 '고부이타'를 세로로 붙였습니다. 대패나 끌을 사용하는 고급 기술은 금물입니다. 절단 작업에는 각도절단기를 고정 작업에는 전기 드릴을 사용합니다. 자르고 못을 박는 과정을 반복해 완성되는 '반복 작업 대작전'이라고나 할까요. 얼핏 복잡해 보이는 형상도 재료의 사용, 다시 말해 디테일은 통일합니다.

넷째는 '계획 단계에서 너무 많은 것을 결정하지 말 것'입니다. 직접 짓는 건물인 만큼 현장에서 손을 움직이는 사이 도출되는 아이디어를 존중하고자 했습니다. 이는 건축에 속도감을 줍니다. 오키나와 풍습대로 오후 3시에 티타임을 겸한 휴식 시간을 가지며 브레인스토밍을 합니다. 예를 들어 의뢰인이 근처 중학교 해체 공사 현장에서 얻어 온 목재 창호를 제가 그 자리에서 스케치해 옆에 앉은 작업반장님과 공사 방법을 논의하는 식이지요. 아울러 설계 당시에는 없었던 시멘트 바닥이나 디딤돌, 현장의 흙으로 만든 흙벽 등 정원사, 도예가인 의뢰인만이 낼 수 있는 아이디어들이 실제로 구현되었습니다.

다섯째는 '상황을 이해해 주는 기술자와 함께하는 것'입니다. 상황을 이해해 준다는 부분이 핵심인데, 보통 기술자들은 초보자가 현장에 있는 것을 싫어합니다. 하지만 이번 현장의 반장님은 우리 회사 소속 설계자이자 목수였습니다. 설계자는 현장에서 작업반장이 되고, 의뢰인은 현장에서 현장 일을 배웁니다. 바로, 제가 이 집을 의뢰인이 절반 가까이 직접 지었다고 말하는 가장 큰 이유입니다[그림 4, 그림 5]. 의뢰인은 직접 집을 지으면서 재료 구매 방법, 연장 사용 방법 등을 익혀 나갑니다. 차후 완성된 집을 인계받은 의뢰인은 직접 책장, 책상, 부엌 수납장 등의 집기를 만든 뒤 입주했습니다. 그리고 본업이자 공간의 축인 정원을 가꾸기 시작했습니다. 의뢰인은 5년이고 10년이고 끊임없이 정원을 가꾸어 나갈 것이고 식물들은 이에 부응하기라도 하듯 다양한 얼굴을 보여 주겠지요. 한편 오키나와의 강렬한 자외선은 페인트를 칠하지 않은 삼나무 판재 위에 가차 없이 내리쬐어 군데군데 상

그림 4. <다카시호의 집>을 짓는 모습. 여성들도 참여했다.

그림 5. <다카시호의 집> 미장 마감 작업 모습. 현장에서 나온 붉은 흙을 사용했다. 의뢰인 중 아내의 동료들이 함께했다.

그림 6. <다카시호의 집> 동쪽 외관　　　그림 7. <다카시호의 집> 주방

하는 곳이 생길 겁니다. 하지만 의뢰인은 이미 어떻게 보수하는지 다 알고 있습니다.

계획, 착공, 입주 그리고 거주라는 과정 속에서 의뢰인은 주인이 되고 현장은 집이 되었습니다. 그 집은 앞으로도 계속 지어지고 변화해 나가겠지요[그림 6, 그림 7]. 과연 준공은 언제가 될까요?

동남아시아 최북단 양식 <나가하마의 집>

<나가하마의 집>은 도쿄에 거주하는 부부의 별장으로, 부지는 <다카시호의 집>과 마찬가지로 요미탄무라에 있습니다. 북측 경사지, 바다를 볼 수 있는 2층 높이에 거실을 만들었습니다. 구조적으로는 상자 모양의 재래식 구조물을 동서에 배치하고 침실, 부엌, 욕실 등을 이 안에 계획했습니다. 상자에 H형강을 걸치고 인도네시아 자바섬에서 제작한 오두막집을 얹었습니다. 왜 굳이 자바섬에서 제작했을까요? 자바섬에 가 보니 기후, 식생, 주택 짓는 법이 오키나와와 비슷한 점이 많아 그곳의 목재와 기술이 친근하게 느껴졌기 때문입니

다. 지도를 펼쳐 보면 나하와 후쿠오카를 잇는 동심원에는 대만이 쏙 들어오고, 도쿄와의 동심원상에는 필리핀 마닐라, 홍콩이 들어옵니다. 오키나와는 15세기부터 16세기에 걸쳐 중간 무역으로 번성했고 태국, 말레이시아, 인도네시아와 교역했습니다. 오키나와는 일본 남단의 작은 섬이지만 만약 동남아시아의 북단이라고 본다면 어떤 건축물을 상상할 수 있

그림 8. 티크 나무 제재 작업 모습

그림 9. 자바섬에서 제작 중인 창호. 크기가 큰 것은 가조립해 확인한 다음 다시 해체해 컨테이너로 보낸다.

그림 10. 자바섬의 작업 풍경. 사포질은 여성의 일이다. 늘 즐겁게 수다를 떨며 일한다.

을까요?

  이 프로젝트에서는 인도네시아에서 티크 가구 공장을 운영하는 일본인과 인연이 닿은 덕분에 자바섬에서 원목을 들여 와 건조, 제재, 가공했습니다[그림8~10]. 인도네시아 현지는 아직 목재 가공이 완전히 기계화되지 않아 수작업으로 처리하는 공정이 많습니다. 가공 공정에서 사람의 손을 많이 거치는 것을 인건비의 관점이 아니라 공간의 질이라는 관점에서 생각해 보았습니다. 그래서 판재의 너비도 일괄적으로 맞추기보다 불균일한 제재목들을 잇대어 붙이고, 표면도 말끔하게 가공하기 전에 요철이 있는 상태로 마감하였습니다. 이러한 분위기는 이 공간의 핵심 요소가 되었습니다[그림 11, 그림 12]. 수작업의 불균일성을 정밀도의 문제로 보지 않고 '특성'으로 이해할 경우 어떤 설계가 가능할까요?

그림 11. 북쪽에서 본 <나가하마의 집>. 좌우의 재래식 구조물 사이에 자바섬에서 제작한 오두막을 배치했다.

그림 12. <나가하마의 집> 내부 모습. 마룻바닥의 질감이 느껴진다.

땅의 참여, 풍경의 발견 <나키진 쓰와부키>

<나키진 쓰와부키>는 오키나와 본섬 북부 나키진무라에 있는 산속 숙박 시설입니다. 의뢰인은 오키나와로 이주해 온 세이이치(誠一) 씨와 미야코(美也子) 씨였습니다. '진정한 숲속에 머문다'라는 콘셉트를 가진 시설로, 약 천 평, 고저 차 18m의 부지에 리셉션동, 레스토랑동, 노천온천동, 객실동 총 4개 동이 있고 숙박 구역에는 한 팀만 투숙할 수 있습니다.

처음 부지를 방문한 날 있었던 일입니다. 의뢰인과 만난 장소에서 부지라고 생각되는 방향으로는 수풀이 잔뜩 우거져 있어 어디로 들어가야 할지 헤맬 정도였습니다. 장화를 신고, 작업용 장갑을 끼고, '얍' 하고 기합을 넣은 뒤 부지로 들어갔습니다. 나뭇가지를 헤치고 숨을 헐떡이며 올라가자 무척 평평한 땅이 나왔습니다. 나뭇잎 사이로 떨어지는 햇살이 스포트라이트처럼 젖은 땅을 비추어 숲의 그림자를 풍부하게 표현해 주었습니다. 잠시 후 호흡이 진정되자 청각이 예민해지고 새와 곤충들의 소리가 들려오더군요. 살랑살랑 나뭇잎을 흔드는 바람이 불어오는 방향으로 고개를 돌리자 커다란 나무 두 그루 사이로 수평선이 눈에 들어왔습니다. 동중국해였지요.

지형, 지질, 동식물의 식생 그리고 빛과 바람까지. 프로젝트를 하겠다며 저희가 들어서기 전부터 부지에는 차곡차곡 쌓여 온 시간의 층이 있었습니다. 그 무언의 사실과 현상을 하나의 인격으로 보고 존중해 주고 싶었습니다. 부지의 정신

그림 13. <나키진 쓰와부키>
서쪽에서 보는 외관과 통로.
나무 사이에 파묻힌 듯하다.
(ⓒYasuko Okamura)

을 이해한 상태에서 저희의 건축 행위를 덧씌우는 일. 그것을 저는 '신축'이 아니라 '풍경의 리노베이션'이라고 생각했습니다[그림 13].

얼핏 사람 손이 닿지 않은 야생의 자연처럼 보였지만 잘 살펴보니 등고선을 따르듯 서너 단의 단차가 있었고 주먹 크기의 돌로 이루어진 무너져 내린 돌담이 있었습니다. 지역 주민의 말에 따르면 태평양 전쟁이 있기 전까지 해당 부지는 밭벼를 기르던 밭으로, 돌담은 그 흔적이라고 했습니다. 식생 조사 결과에서는 부지 내에 귀한 재래 수종이 많다는 사실을 알게 되었습니다.

처음 부지를 방문했을 때 발견한 장소, 즉 두 그루의 나무 사이로 보이는 바다와 숲으로 이어지는 천연 '샛길'을 모방해 건축물의 형상을 그려나갔습니다[그림 14]. 그리고 '샛길'을 부지 전체의 중심에 두고 그곳에 이르기까지의 체험을 경관 디자인에 담았습니다. 자, 그렇다면 그 체험을 어떻게 계획하면 좋을까요? 저는 두 가지 시점을 떠올렸습니다. 바로 멧

그림 14. <나키진 쓰와부키> 남쪽에서 본 객실동. 처음 방문했을 때 발견한 샛길에서 착안했다.
(©Yasuko Okamura)

돼지의 시점과 새의 시점입니다.

먼저 스스로 멧돼지가 되었다고 생각하고 숲을 걷습니다. 얼핏 경사가 급하다고 느껴지는 곳도 나무와 바위처럼 발 디딜 수 있는 대지의 미세한 요철이 있다는 사실을 깨닫습니다. 부지를 오가는 사이 지표로 삼을 만한 나무와 바위를 알아볼 수 있게 되고 자주 지나다니는 경로를 따라 길이 납니다. 부지를 배회하며 지형이나 나무의 높이를 보며 '이 정도 크기가 좋으려나?', '통로는 이쪽으로 하자' 하고 건축물의 볼륨이나 시퀀스를 상상합니다. 사무실에 돌아가서는 새의 시점으로 전환합니다. 부지에서 받은 느낌을 스케치해 100분의 1 모형으로 만들어 갑니다. 머리로 한 생각뿐만 아니라 몸으로 느낀 것도 구현하기 위해 매일 아침, 일찍 일어나 정신이 맑을 때 한 가지 안을 생각하고 모형으로 만듭니다. (모형 제작은 직원이 맡습니다.) 대략 3개월 정도 이 과정을 반복하다 보면 저라는 개인의 생각이라는 '얼개'가 사라지고 눈앞의 계획이 스스로 자립하는 순간이 찾아옵니다. 이제 남은 것은 다듬는 일뿐이지요. 이러한 기본 설계 프로세스를 저희끼리는 '무라카미 하루키 대작전'이라고 부릅니다. 매일 아침 원고지 10장씩 글을 써 내려가는 무라카미 하루키를 향한 존경을 담아서요.

이제 착공입니다. 목재로 만든 골조가 완성되었을 무렵, 의뢰인인 세이이치 씨가 오키나와로 이사를 왔습니다. 그때부터 협동 작업이 시작되었습니다. <다카시호의 집>과 마찬가지로 의뢰인이 현장 일을 배우러 왔거든요. 이번 '반복 작업 대작전'의 대상은 네 동의 외벽에 붙일 약 100평 분량의 삼나무 판자였습니다. 성실한 학생인 세이이치 씨는 책과 영상을 통해 사례를 찾아 보고 이런저런 실험을 거쳐 자기 나름대로 판자를 탄화 가공하는 법을 터득해 갔습니다[그림 15]. 모든 판자를 다 가공했을 무렵에는 "아무래도 삼나무 판자 태우는 가게를 열어야겠어요" 하고 웃더군요. 탄화 판자를 벽에 붙이는 공정은 저희 회사의 직원이자 목수인 우에하라(上原) 씨와 짝을 이뤄 진행했습니다. 우에하라 씨는 당시 25살, 입사 7년 차로, 설계팀으로 입사했으나 목수 일에 흥미를 느끼고 직무를 전환했습니다. 처음에는 우에하라 씨가 치수를 재고 판자를 자르면 세이이치 씨가 못으로 붙이는 식이었지

그림 15. 삼나무 판자를 태우는 세이이치 씨.

만 세이이치 씨가 타고난 센스를 발휘해 업무를 익혀가자 우에하라 씨가 조금 위축되더라고요. 본인의 일거리를 뺏길까 봐 전전긍긍하는 것이 느껴졌습니다. 그러다 더 열심히 하고요. 직접 공사에 참여한 의뢰인을 시공사무소의 젊은 직원(나이 차는 서른 살) 아래로 배치해 그 직원을 육성하는 묘한 상황이 된 셈이죠. 역시 연륜의 힘은 무시 못 한다고나 할까요?

한편 또 한 사람의 의뢰인인 미야코 씨는 이야기하는 것을 좋아해 혼자 현장 이곳저곳을 돌아다니며 사람들의 마음을 사로잡았습니다. 옛 물건을 좋아하는 부모님 밑에서 자란 미야코 씨는 물건의 질감에 상당히 민감하고 타협하지 않습니다. 예를 들어 정원에 사용할 석재를 두고 정원사와 함께 의견을 나누던 때의 일입니다. 자재를 구매하는 데 익숙한 저는 현장 근처의 혼부 석회암이라는 채석장에서 석재를 사는 것 말고는 다른 선택지를 생각하지 못하고 있었습니다. 하지만 미야코 씨는 고개를 가로저었습니다. 아무래도 부지에 있던 소박한 돌담과 어울리려면 오래된 돌이 좋으니까요. "제가 찾아올게요" 의지에 불타던 미야코 씨가 지금도 눈에 선합니다. 본섬 이곳저곳 오래된 돌을 찾아 돌아다니다 적당한 돌을 발견하고는 소유주를 수소문해 정원에 쓸 만큼 가득 모아왔습니다[그림 16].

요즘 사무실에서는 상세도를 그리는 일이 잘 없습니다. 설계자인 저, 회사 소속 작업반장인 야마시로(山城) 씨가 현장에서 협의해 가며 결정합니다. 제가 상세한 스케치를 가지고 현장에 가면 야마시로 씨가 작업을 멈추고 제 아이디어의 시공 난이도는 물론 심미성에 관해 대화를 나누는데 마땅치 않

그림 16. 돌을 찾아 나선 미야코 씨

그림 17. 현장에서 가구의 놓임새를 확인하고 있다.

으면 이내 "이건 별론데?" 하고 단칼에 거절합니다. 재료를 자르고 남은 도막으로 실제 크기의 샘플을 만드는 일도 흔합니다. 왁자지껄하게 협의를 하고 있으면 어느새 의뢰인도 가세해 오후 작업 시간이 훌쩍 지나 버리기도 합니다. 이게 바로 건축의사의 진면목이지요[그림 17].

<나키진 쓰와부키> 현장에서는 시멘트 바닥 공사, 댓돌 설치 등 정원 공사 역시 의뢰인, 목수, 설계자인 제가 정말 문자 그대로 '함께' 완성했습니다[그림 18~20].

시공과 설계, 특히 의뢰인이 직접 공사에 참여하는 것을 테마로 건축을 기술해 달라는 제안을 처음 받았을 때 제가 가장 먼저 떠올렸던 프로젝트가 바로 <나키진 쓰와부키>였습니다. 하지만 작업이나 현장에서의 복잡하고 역동적인 인간관계에만 초점을 맞춘다면 설명이 부족합니다. <나키진 쓰와부키> 프로젝트를 수행하면서 겪었던 여러 가지 일들의 배경에는 항상 숲이 있었으니까요. 공사 도중 종종 "숲이 원하니까요"라고 했던 미야코 씨의 말이 떠오릅니다.

'만든다'는 행위를 통해 사람이 땅과 이어지고 일체화되어 가는 느낌. 아무런 말이 없어 보이는 땅도 가만히 귀를 기울이면 다양한 이야기를 들려주며 저희의 삶에 '참여'합니다. 심지어 아주 적극적으로요. 그렇게 사람과 땅의 협동 작업을 통해 풍경을 발견하고 그 과정을 반복하며 문화를 만들어 가고자 합니다.

이는 건축가에게 주어진 또 하나의 역할을 시사합니다. 건

그림 18. 상량 작업을 하는 미야코 씨

축가의 첫 번째 역할이라면 지역에 객관성과 논리를 '부여하는' 일이겠지요. 그 방법은 근대를 거치며 다듬어졌고 오늘날에도 여전히 건축가의 주요한 역할로 받아들여지고 있습니다. 한편 제가 생각하는 건축가의 또 다른 역할은 '발견하는' 일입니다. 사람, 사람들, 땅의 이야기를 듣고 각각의 관계를 발견하는 일, 바로 매개자의 역할입니다. 바다에 둘러싸여 땅이 부족한 오키나와에서 사람과 자연은 섬세한 유대 관계를 쌓아 왔습니다. 사람 손길이 닿지 않은 지구를 상상할 수 없는 이 시대에, 사람과 자연이 함께하는 법을 배우는 데 꼭 맞는 장소가 아닐까 생각합니다.

그림 19. 바닥 시멘트 공사를 하는 세이이치 씨

그림 20. <나키진 쓰와부키> 레스토랑동
(ⓒYasuko Okamura)

MAKER 01

아라키 모토키 Motoki Araki

아라키+사사키 아키텍츠 / 모쿠탄칸 대표

1979년 도쿄 출생. 2004년 도쿄도립대학대학원 건축학 석사 과정 수료. 2004년부터 2007년까지 아키텍트 카페 다이 미키오 건축설계사무소에서 근무했다. 2008년부터 아라키+사사키 아키텍츠 1급 건축사 사무소 공동 대표를 맡고 있다. 2015년부터 인테리어 디자인 전문학교인 ICS 컬리지오브아츠에서 비상근 강사로 강단에 섰다. 사무소 안에 공방을 차리고 설계와 만들기를 병행한다. 설계 과정에서 나온 목재 규격 부재 모쿠탄칸을 판매한다. 2020년 <아사카의 3동 재정비 계획>으로 주택 건축상 장려상을, 2022년 <구니타테의 집>으로 굿디자인상 금상을 수상했다.

MAKER 02

모리타 가즈야 Kazuya Morita

모리타 가즈야 건축설계사무소 대표 / 교토부립대학 준교수

1971년 아이치현 출생. 1995년 교토대학교 건축학과 졸업. 1997년 교토대학대학원 공학연구과 수료 후 1997년부터 2001년까지 '싯쿠이 아사하라'에서 미장 기술자로서 교토고쇼 등의 건축 문화재 복원 공사에 참여했다. 2000년에 모리타 가즈야 건축설계사무소를 설립했고 카탈루냐공과대학 유학을 거쳐 2020년부터는 교토부립대학 준교수로 재직 중이다. 전통적인 건축 기술을 현대 건축에 응용하는 건축 설계 및 기술 개발, 건축 문화재의 개보수 설계 등과 함께 일반인들이 건축 기술을 배울 수 있는 워크숍도 일본 국내외에서 개최하고 있다.

MAKER 03

야마구치 히로유키 Hiroyuki Yamaguchi
건축의사 대표이사

1977년 미에현 출생. 2001년 교토세이카대학 미술학부 디자인과 건축 전공 졸업. 2006년에 오키나와로 이주해 2007년 건축의사를 설립했다. 오키나와현 본섬을 거점으로 건축물 설계·시공 프로젝트를 수행하고 있다. 집주인이 직접 공사 현장에 참여했을 때 설계(계획), 건축가의 업무 능력, 시공사무소의 자세가 어떻게 달라지는지에 대해 관심이 있다.

제2장 만들기 × 지역

즐겁게 바꾸다 친근한 장소를

지역과 밀착한 공간에서
삶을 디자인해 나가다

"니시치바는 도쿄에서 전철로 한 시간 정도 거리에 있는 작은 마을입니다. 쾌속 전철도 한 번에 가지요. 대학 캠퍼스가 몇 곳 있는 것을 제외하면 여느 교외 도시의 경치와 다를 것 없는, 평범한 일상으로 채워진 마을입니다."

04

MAKER 니시야마 메이

니시치바 지역은 주민 대부분이 도심으로 통근하는 교외 주택지다. 이곳에 메이커스페이스 <니시치바 공작실>과 오픈스페이스 <헬로 가든>이 생기자 마을의 분위기가 바뀌었다. 창작의 공간과 도구가 주어지자 주민들은 저마다 삶을 창조해 나간다. 니시야마 메이는 이벤트와 네트워크, 교육 등 다양한 접근 방식을 동원해, 만드는 행위로 마을을 변화시키는 사회적 실험을 하고 있다.

저는 니시치바에 있는 지바대학에서 건축을 공부했습니다. 한번은 앞으로 뭘 하며 살지 고민하던 시기가 있었습니다. 조금씩 진로를 정해 가는 친구들과 달리 길을 찾지 못하고 헤매던 저는 학교에 머물기가 싫어 현지의 작은 바 '코큐(호흡)'에 드나들기 시작했습니다. 그곳에는 정말 다양한 사람이 드나들었습니다. 다양한 삶의 방식과 업무 방식을 접하면서 저는 제가 건축이 아니라 사람들의 일상에 관심이 있다는 사실을 깨달았습니다. 그러던 중 바 사장님의 "졸업하고 나서도 니시치바에 남아 뭘 좀해 보면 어때?" 하는 이야기에, 뭘 하게 될지는 모르겠지만 일단 대학 졸업 후에도 이곳에서 계속 살기로 했습니다.

'코큐'에서 아르바이트를 하면서 지역 주민들과 관계를 쌓아 가던 무렵, 도쿄의 마을조성사업 기획 회사로부터 '지바에서 지역 공헌 활동을 하고자 하는 클라이언트와 마을조성사업을 기획하고 있는데 도와주지 않겠냐'라는 제안을 받았습니다. 마을이 더 즐거운 곳으로 바뀌면 저와 주변 사람들의 일상이 더 행복해질 수 있겠다 싶어 회사에 들어가기로 했습니다.

'마을조성사업'에도 여러 가지 접근법이 있습니다. 제가 입사한 회사에서는 주로 개발형 마을조성사업을 수행했는데 이번 클라이언트가 원하는 것은 개발형 마을조성 아이디어 뿐만이 아니었습니다. 저 역시 제가 관심이 가는 마을조성사업 접근법은 더 아기자기하고 부드러운 방법이라는 사실을 깨달았습니다. 때마침 해외 시찰을 나갔다가 '이거다!' 싶은 광경을 목격했습니다. 평일 저녁, 주민들이 강변에 아무렇게나 돗자리를 깔고 앉아 음식을 먹고 와인을 마시며 즐거운 시간을 보내는 모습이었지요[그림 1]. 지역 주민과 상점 점원

그림 1. 운하 옆에서 피크닉을 즐기는 사람들

그림 2. 직접 준비한 이벤트를 개최하는 모습   그림 3. 마을의 공터에 조성한 채소밭

들이 거리에서 이벤트를 진행하고[그림 2], 마을의 공터에서 직접 채소를 가꿨습니다[그림3]. 이처럼 마을 안에서 본인들이 원하는 일들을 실현하거나 평범한 장소를 영리하게 활용하는 모습을 보며 창의적이라고 생각했습니다.

'마을조성사업을 지역 주민에게 '만들어 주는 것'이라고 여기고 있었던 건 아닐까. 행복한 삶을 돈으로 살 수 있다고 생각한 건 아닐까. 지역 주민 중에도 이런 생각을 하는 사람이 많지 않을까. 주민 한 사람 한 사람의 삶의 집합체가 마을이라면 개개인의 삶이 바뀌면 마을 전체가 바뀌는 것이아닐까. 저마다 개성도, 가치관도, 라이프스타일도 다른 우리의 삶은 누군가가 만들어 주는 것도, 어디에서 사는 것도 아닌 <u>스스로 만들어 가는 것이 아닐까</u>.'

이런 질문들을 거쳐 '내 삶과 맞닿아 있는 마을을 즐기면서 창의적으로 변화시켜 나갈 사람을 늘리자'를 콘셉트로 정하고, 삶을 상상하고 창조할 수 있는 플랫폼 조성안을 클라이언트에게 제안했습니다.

2014년, 그렇게 만들어진 곳이 제작 공간 <니시치바 공

그림 4. <니시치바 공작실>

그림 5. <헬로 가든>

작실>[그림 4]과 생활 실험 광장 <헬로 가든(HELLO GAR-DEN)>[그림 5]입니다. 공간의 기획뿐만 아니라 운영에도 참여하고 싶고 제 삶 역시 이 프로젝트와 함께 실험해 보고 싶은 마음에, 마을조성사업 기획 회사를 퇴사하고 이들 공간을 운영하기 위해 클라이언트가 설립한 회사로 이직했습니다.

그로부터 10년이 지났습니다. 흔한 교외 주택지였던 니시치바에서 저는 건강한 일상과 사소하지만 설레는 이벤트가 공존하는 마을 풍경을 직접 만들어 가고 있습니다.

일상에 활력을 주는 제작 공방 <니시치바 공작실>

<니시치바 공작실>은 '만들고 고치고 개조하는 곳'이라는 콘셉트 아래, 창작하는 삶을 지원하는 공유 공방입니다. 톱, 대패 등과 같은 아날로그 공구부터 3D 프린터, 레이저 가공기 같은 디지털 패브리케이션까지, 생활에 필요한 물건을 만들 수 있는 기계나 도구가 폭넓게 갖춰져 있습니다[그림6].

지역 주민들은 각자 만들고 싶은 물건에 관한 아이디어와

그림 6. <니시치바 공작실>의 공구

재료를 가지고 이 공간을 함께 사용합니다. 이용자의 연령이나 목적은 다양합니다. 전자 장비, 목공, 의류 가공 등 제작 분야도 다양합니다. 이용자 대부분의 공통점은 무언가를 만드는 것 자체가 목적이 아니라 만든 물건을 통해 하고 싶은 일이나 그리는 삶의 모습이 있다는 것입니다.

집에서 쓸 가구를 DIY 하러 오는 가족[그림 7], 불필요한 옷으로 카메라 가방을 만들거나, 3D 프린터로 렌즈 뚜껑을 출력하는 카메라를 좋아하는 할아버지, 취미로 연주하는 기타를 커스터마이징하는 사람, 다른 사람이 쓰고 남은 재료로 인형을 위한 작은 집을 만드는 초등학생… 어느 날은 탁구부 남학생이 연습을 위해 탁구공 발사기를 만들고 싶다고 상담을 요청한 적도 있었습니다. 가족이나 지인에게 줄 선물을 만들기 위해 오는 분도 계시지요.

그 밖에도 나무로 간판을 만드는 기술자[그림 8]나 매장의 사인물 등을 만드는 디자이너 등 일을 위해 공방을 이용하는 사람도 있습니다. 소규모로 장사를 하는 한 지역 주민은 사업 영역을 확장하기 위해 레이저 가공기로 간판을 제작하고 3D 프린터로 가게의 특제 쿠키 틀을 만들기도 했습니다.

물건을 만들러 오는 사람뿐만 아니라 예전에 쓰던 오디오 컴포넌트를 분해해 블루투스 스피커로 개조하거나 얼룩진 옷에 쪽 염색을 하거나[그림 9] 깨진 그릇을 긴쓰기 기법으로 이어 붙이는 사람도 있습니다. 고장 난 자전거를 고치러 오는 등 일상적으로 방문하는 분도 계십니다. 제가 상상했던

그림 7. 집에 쓸 가구를 DIY 하는 가족

그림 8. 간판용 목재를 자르고 있는 기술자

그림 9. 쪽염색을 하는 사람들

것 이상으로 공간을 다양하게 활용하는 지역 주민들을 보면서 '만들기'가 있는 삶의 가능성을 매일 실감합니다. 공방에는 스무 분 정도의 지역 주민들이 일을 도와주고 계십니다. 대학생, 주부, 전 엔지니어, 디자이너, 회사원 등 나이도 배경도 다양해 각자의 특기를 살려 이용자들을 지원합니다. 다양한 스태프 덕분에 다양한 사람이 다양한 물건을 만들 수 있는 셈이지요. 덧붙여 이용자끼리 서로 알려주고 배우기도 하고 스태프가 이용자에게서 지식, 기술, 아이디어를 얻기도 합니다. 각자 자기 물건만 만드는 것이 아니라 만들기를 더 재미있게 해 주는 관계성이 이 '공간'에 생겨나고 있습니다.

마을의 실험 광장 <헬로 가든>

<헬로 가든>은 '새로운 삶을 창조하는 마을의 실험 광장'이라는 콘셉트로 마련된 오픈 스페이스입니다. 처음에는 그저 공터에 불과했지만 시간이 갈수록 무엇을 하면 재미있을지, 그것을 하려면 어떤 장소가 필요한지 다양한 시도를 하면서 공간을 조금씩 가꿔 나갔습니다[그림 10]. 삶의 기본 요소인 '식

재료'를 조금이라도 직접 길러 보고자 땅을 경작해 채소나 허브를 키우기도 하고 '다 함께 할 수 있는 놀이를 만드는 실험'이라는 제목을 붙이고 음식을 싸 와 피크닉을 즐기기도 했습니다. 작곡을 하는 주민이 주체가 되어 음악제를 개최하거나 다 같이 1년에 걸쳐 간장을 만들기도 했지요. 그렇게 여러 가지 활동을 하다 보니 특별히 이벤트가 없는 평소에도 이 공간을 자유롭게 이용하는 사람이 조금씩 늘었고 유치원 하원 길에 엄마와 아이가 피크닉을 즐기는 모습도 눈에 띄었습니다.

하지만 공터만으로는 할 수 있는 활동에 한계가 있었습니다. 따라서 주민들이 더 일상적으로 활용할 수 있도록 지역 주민 모두가 힘을 합쳐 공간을 개선하기로 했습니다[그림 11]. 울퉁불퉁했던 지면은 빌려 온 중장비로 직접 조작해 평평하게 다졌고 나무도 심었습니다. 기술자의 힘을 빌려 특별히 디자인한 가구도 직접 만들었습니다. 프로젝트가 시작된 지 2년 만에 드디어 '공간'이라 할만한 모습을 갖추게 되었습니다.

그림 10. <헬로 가든> 초창기 모습

그림 11. 중장비로 땅을 다지는 모습

<헬로 가든>에는 세 가지 공간이 있습니다. 첫 번째는 음료나 도시락을 먹고 사람들과 이야기를 나누고 나무 그늘에서 휴식을 취하면서 '머무는' 공간입니다. 지역 주민들은 매일 이곳에서 각자의 시간을 보내기 위해 찾아옵니다.

두 번째는 하고 싶은 일을 '시도하는' 실험 공간입니다. 영화를 좋아하는 주민들이 모여 함께 영화를 보고, 책을 좋아하는 주민들이 같이 중고 책 시장을 열고, 축제 기간에 맞춰 대학생들이 작은 음악 페스티벌을 개최하기도 합니다[그림 12]. 옷을 만드는 사람들이 패션쇼를 여는가 하면[그림 13] 재즈 페스티벌이나 연극의 무대가 되기도 하면서 사용하는 사람에 따라 매일 표정을 바꿉니다. 개방된 공간이다 보니 지나가던 사람도 흥미를 느끼고 발걸음을 멈추거나 즉석에서 직접 이벤트에 참여하기도 합니다. 야외 공간인 만큼 코로나19가 유행했을 때도 활동을 이어갈 수 있었습니다.

세 번째는 '만나고 생각하는' 공간입니다. 사람들은 <헬로 가든>에서 머물고 시도하고 참여하면서 새로운 것, 새로운

그림 12. 학생들이 주관한 작은 음악 페스티벌
'봉 오도리 나이트BON ODORI night'

그림 13. 패션쇼 모습

사람, 새로운 가치관을 접하고 자신의 삶에 관해 생각해 볼 기회를 얻습니다.

예를 들어 <헬로 가든>에서는 한 달에 두 번 '헬로 마켓'을 개최해 이제 막 소규모로 사업을 시작한 분들을 지원하고 있는데요. 이는 '일'에 관해 다시 생각해 보는 계기가 되기도 합니다[그림 14]. 하고 싶은 일을 위해 독립한 사람, 육아와 일을 병행하는 사람, 부업이나 투잡을 하는 사람 등 판매자는 각자의 업무 방식을 고민해 실현하고 있습니다. 아울러 '헬로 마켓'을 통해 새로운 것에 도전하는 사람들의 모습을 보고 다른 사람들도 의욕이 생겨서 새롭게 판매자로 나서기도 합니다.

그림 14. 헬로 마켓 모습

꽃, 액세서리, 옷, 커피, 쿠키, 네일아트, 마사지, 일러스트 등 판매하는 물건이나 서비스는 저마다 다르지만 함께 '헬로 마켓'에 참여하는 동안 서로를 격려하고 발전해 나가면서 친구를 만들고, 응원해 주는 사람을 만나 변화해 갑니다. 다들 처음에는 최소한의 도구와 설비만 갖추어 시작하지만 점점 사업이 성장하면서 직접 만든 판매대, 판매 수레 등을 사용하는 사람도 있고, 작가들의 경우 팬이 늘어 인근에 갤러리를 차리고 전시회를 열기도 합니다. 음식을 만들어 팔던 판매자가 상가를 빌려 카페를 차리기도 하고 소규모로 중고 책을 팔던 판매자는 서점을 열었습니다. 새로운 분야에 첫발을 내딛고, 응원해 주는 사람이 생기면서 자신감이 붙어 더 활발하게 활동을 펼쳐 나가는 사람들이 많습니다. 최근에도 판매자 중 한 분이 <헬로 가든> 인근에 식당을 차렸습니다. 3년 반 동안 계속 '헬로 마켓'에서 활동하면서 인기를 끈 것을 계기로 이 마을에 가게를 낸 것입니다.

창의력을 기르다

한편 '어린이 창의력 교실'이라는 배움터도 마련하고 있습니나[그림 15]. 이는 어린이들이 창의력을 기르는 것을 목표로 합니다. 참가한 어린이들은 1년 동안 여러 가지 미션에 도전합니다. 관찰하고 과제를 발견하고 해결 방안을 상상하는 일에서 출발해, 도출된 아이디어를 실제로 만들고 개량하거나

그림 15. 어린이 창의력 교실

다른 사람과 의논하면서 구현해 나가는 '창조의 사이클'을 즐기면서 체험할 수 있도록 설계되어 있습니다. 아이디어를 구현하는 방법도 미션에 따라 다양합니다. 가령 실제로 물건을 만들기도 하고 음식, 게임, 애니메이션, 소리, 장사 등 여러 가지 물건이나 상황을 기획합니다[그림 16]. 지역성을 띠거나 지역 이벤트를 이용해야 하는 과제를 내 어린이들이 지역을 친근하게 느낄 수 있도록 하고 있습니다. 1년에 걸친 활동을 종합하는 의미로, 마지막에는 졸업 작품을 만듭니다. 그 지역 주민을 대상으로 전시하는 자리를 마련해 어린이들이 직접 작품을 설명하기도 합니다.

최근에는 성인을 대상으로, 기업 워크숍 형식으로 같은 프로그램을 실시하고 있습니다. 창의력은 살아가는 데 힘이 되

그림 16. 아이디어를 바탕으로 무언가를 만들고 있는 어린이들

고, 어른 아이 할 것 없이 각자의 삶과 사회의 가능성을 확장해 주는 중요한 기술이라고 생각합니다.

우리에게 '만들기'란

저희가 니시치바에서 만난 사람들은 단순히 물건을 만들고 이벤트를 개최하면서 시간을 소모적으로 보내고 있는 것이 아닙니다. 본인의 라이프스타일, 다양한 가치관을 지닌 사람들과 만날 기회, 자신의 본모습 그대로 머물 수 있는 장소, 지역에 바탕을 둔 일, 서로 돕는 관계성 등 건강한 삶을 실현하기 위한 중요한 요소들을 스스로 창조해 내고 있는 것입니다. 무엇보다 스스로 할 수 있다는 자신감, 실험을 통해 조금씩 앞으로 나간다는 긍정적인 마인드가 이곳에서 생겨나고 있습니다. 저희가 운영하는 공간을 사용하는 동안 지역 주민들의 표정에 조금씩 변화가 나타나는 모습을 보는 것이 저희의 가장 큰 즐거움입니다.

의도하지는 않았지만 부수적으로 얻은 효과도 있습니다. 모든 활동이 개방적인 환경에서 이루어지다 보니 주민끼리 즐겁게 활동을 하고 있으면 아이들이 놀러 오고, 그러면서 아이들이 자연스럽게 여러 가지 경험을 하고 다양한 사람과 접할 수 있습니다. 저도 모르게 지역의 교육에 일조한 셈이지요. 마찬가지로, 같은 취미를 가진 사람들이 모이면 의도하지는 않더라도 다른 문화와 다른 세대 간에 교류가 일어나기도 합니다. 아울러 모든 이가 즐기면서 자기 나름대로 활동을 이어가는 모습이 어느덧 그대로 마을의 풍경이 됩니다. 이러한 문화가 서서히 생겨나고 있음을 실감하고 있습니다.

누군가가 만들어 준 것이나 환경을 누리는 것을 넘어 스스로 생각하고 창조해 삶을 바꿔나가는 일. 이것이 바로 자신의 삶에 주인이 되는 일 아닐까요? 삶의 주인이 되면 자기가 하고 싶은 일, 살고 싶은 모습을 실현하는 일이 왜 그렇게 어려운지 의문스럽게 느껴질 겁니다. 아울러 살고 싶은 삶을 실현하기 위해 여러 가지를 시도하는 과정에서 사회 시스템을 더 잘 이해하게 되고 연관된 사람들이 보이기도 합니다. 이러한 과정을 통해 마을과 사회를 향한 관심이 커집니다. 덧붙여 자신의 삶뿐만 아니라 주변 사람들을 위해 무언가를 하는 이들이 늘면 사회가 바뀌리라고 생각합니다.

우리에게 '만드는' 행위는 자신의 삶과 사회를 자유롭고 건강하고 재미있게 업그레이드하기 위한 수단 중 하나입니다. 이러한 이해를 바탕으로 만드는 일을 적극적으로 삶에 끌어들이시기를 바랍니다.

사라져 가는 초가지붕을 복원해
지역을 되살리다

"'비전문가'란 그 분야가 그 사람의 '본업'이 아니라는 뜻입니다. 예를 들어 휴일에, 본인의 업무와 관계없이 초가지붕 공사 때만 모여 지붕을 잇는 회사원을 일컬을 때 쓰는 말입니다. 저는 바쁜 현대 사회에서도 사람들이 본업과는 상관없이 초가지붕을 이어 볼 수 있는 기회를 제공하고 싶었습니다. 그래서 비전문가들과 함께 초가지붕 교체 활동을 시작했습니다. 저는 이 활동을 통해 현대적인 상호부조를 통한 건축의 가능성을 모색하고 있습니다."

05

MAKER 가마토코 미야코

가마토모 미야코는 대학에서 학생들을 가르치고 연구 활동을 하고 있으며, 시코쿠 지역에서 초가지붕 워크숍도 진행한다. 산 위의 공동 억새밭에서 채취하던 재료를 집 앞 휴경지에서 얻고, 농가의 상호부조 문화였던 것을 다양한 사람들이 참여하는 주말 워크숍으로 변형하면서, 초가지붕 잇기의 현대적 계승을 모색한다. 커뮤니티의 존속과 초가지붕 보존의 상관관계를 탐구하며, 건축 보존에 새로운 관점을 제시하고 있다.

저는 학창 시절, 주민이 직접 짓는 일본의 민가 공사에 매료되어 외딴섬에 가면 힌트를 얻을 수 있으리라는 생각에 대마도로 조사를 떠났습니다. 섬은 사용할 수 있는 자원이 한정된 만큼 지역 특색이 선명한 민가나 그 민가를 짓는 데 필요한 끈끈한 상호부조(품앗이) 문화가 지금도 많이 남아 있기 때문입니다. 쓰시마는 한반도와 규슈 사이에 있는 섬으로, 창고 지붕에 거대한 돌을 얹는 문화가 남아 있습니다. 돌 지붕은 에도 후기 화재를 방지하기 위해 보급되었다고 알려져 있는데, 저는 다다미 한 장 크기의 거대한 돌을 모두 마을의 비전문가들이 올렸다는 사실에 무척 놀랐습니다. 심지어 제가 방문했을 때도 여전히 해당 작업을 경험한 어르신들이 많이 계셔서 생생하게 작업 공정을 들을 수 있었습니다[그림 1].

돌 지붕을 얹는 작업은 '가세이'라고 부르며 마을의 남성이라면 누구나 한 번쯤은 참여해 본 일이 있다고 했습니다. 구네 이나카라는 마을에서는 모두 함께 골짜기로 가서 커다란

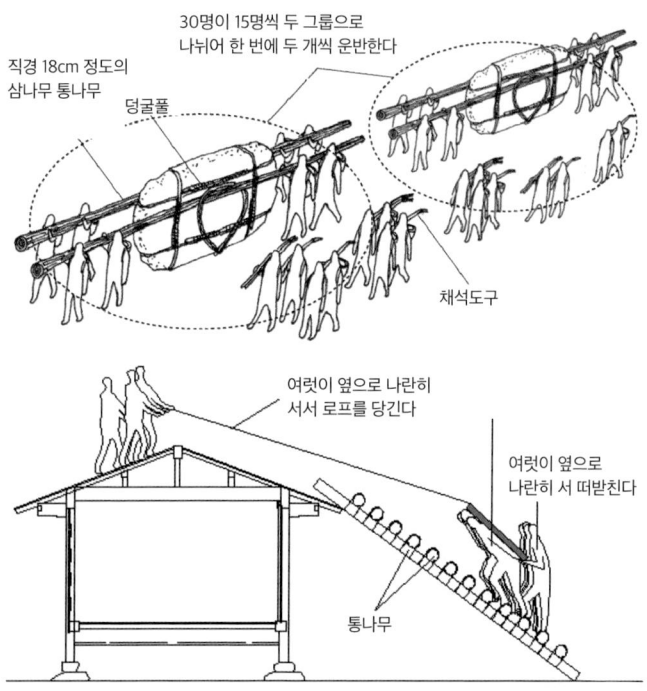

그림 1. 채석 및 돌 지붕 시공(구네 이나카)

돌을 도구로 뗀 다음 마을로 메고 와서는 돌을 짊어진 채 완만한 통나무 사다리를 타고 올라가 지붕에 얹었다고 합니다. 마을 사람들이 힘을 합치면 3일에 한 집꼴로 돌 지붕을 얹을 수 있었습니다. 마을 내 30채 정도의 창고 지붕을 이러한 상호부조를 통해 순차적으로 교체했고 마을 전체 창고 지붕의 교체가 끝난 1950년대 무렵까지 해당 작업이 이어졌다고 합니다.

쓰시마에서 가장 큰 돌 지붕이 있는 곳은 시이네라는 마을

그림 2. 시이네의 돌 지붕 시공 (출처: 쓰키카와 마사오(月川雅夫), 『사진집 쓰시마-1950년대의 생활』, 유루리쇼보, 2008)

입니다. 시이네에서 마지막으로 진행한 상호부조 공사 모습을 촬영한 사진집도 있습니다[그림 2]. 도르래를 이용해 여러 사람이 로프를 당겨 돌을 두 개의 통나무 위에 얹는 장면 등 책에는 마을 사람들이 일주일간 총동원되어 돌 지붕을 얹는 모습이 기록되어 있습니다.

이처럼 일본에서는 비전문가들이 상호부조로 지붕을 얹고 흙벽을 세우며 건물을 지었습니다. 그런데 최근 민가 연구가들에게서 자주 듣는 말이 "상호부조로 건물을 지어 본 경험자가 사라지고 있다"라는 것입니다. 10년 전까지만 해도 옛 민가를 찾아가면 집주인이 집 짓는 일을 잘 알고 있었으나 요즘은 모른다는 대답이 많이 돌아와 상황이 변했음을 실감합니다. 요즘은 주택의 수명이 짧다고들 하는데 스스로 공사나 유지 관리에 관여하지 않으면 애착도 생기지 않고 수리해서 오래 살겠다는 생각도 잘 들지 않기 때문이 아닐까요?

시코쿠 지역의 초가지붕 현황

2014년 가가와대학에 부임한 뒤 시코쿠 지역의 초가지붕이 위기에 처했다는 소식을 듣고 조사를 시작했습니다. 그러자 초가지붕이 남아 있는 건물은 건축 문화재 정도뿐이라는 사실이 드러났습니다. 기술자를 수배해 봤지만 좀처럼 찾지 못하다가 도쿠시마현의 유일한 초가지붕 기술자라는 고조 다카아키(古城孝昭) 씨를 겨우 만날 수 있었습니다.

원래 회사원인 고조 씨는 예전 마을의 초가지붕을 교체하는 작업을 도우면서 작업 방법을 배웠다고 합니다. 예전에는 지붕 재료인 억새도 몇 km 떨어진 억새밭에서 베어 왔지만 지금은 초가지붕 집이 고조 씨 집뿐이어서 집 앞의 휴경지에 억새를 기르고 있었습니다[그림 3]. 매년 눈이 내리기 전에 높게 자란 억새를 베어 쌓아 두고 어느 정도 모이면 지붕을 수리합니다. 그런 식으로 안채의 초가지붕을 오랜 세월 유지했다고 하더군요. 초가지붕을 교체할 때는 전체를 몽땅 새로운 억새로 바꾸는 것이 아니라 표면에 상태가 안 좋은 부분만 새로이 교체합니다. 이러한 부분 수리만으로도 50년이나 버틴 지붕도 있다고 합니다. 저에게 초가지붕의 수명이 얼마나 되는지 물어보시는 분들이 많은데 어떻게 관리하느냐에 달려 있다고 답할 수 있겠습니다. 집주인이 지붕 잇는 방법을 안다는 건 큰 장점이고 그것이 건축물의 수명을 연장시킬 수 있다는 사실도 실감했습니다.

소개하고 싶은 사람이 한 사람 더 있습니다. 가가와현의 마

그림 3. 고조 씨가 자신의 집 초가지붕을 위해 휴경지에 기른 억새(도쿠시마현 쓰루기마치)

지막 현역 기술자인 마쓰바 다카시(松葉隆司) 씨입니다. 마쓰바 씨도 정년까지는 공사 현장에서 철근 기술자로 일하다 퇴직 후 지인의 부탁으로 초가지붕 잇는 일을 시작했다고 합니다. 증조할아버지 대부터 대대로 초가지붕 기술자 집안으로, 10대 시절 집안 일을 도우며 배워 둔 덕분에 작업 방법을 알고 있었습니다. 시코쿠에는 이처럼 다른 일을 하면서 초가지붕 교체 공사를 해 온 분들이 전통 기술을 계승하고 있다는 사실을 알 수 있습니다.

마쓰바 씨는 저에게 가가와현 만노초의 마을지정문화재이자 작은 사당인 '요쓰아시도'를 보여 주셨습니다[그림 4].

그림 4. '요쓰아시도'를
수리하는 마쓰바 씨
(가가와현 만노초)

이 사당은 시모후케라는 마을의 공유 재산으로, 예부터 모두 힘을 모아 초가지붕 교체 작업을 해 왔다고 합니다. "지역의 사당은 지역 주민들 손으로 수리하죠"라고 마쓰바 씨가 말했습니다. 실제 작업이 어떻게 이루어지는지 궁금해서 마쓰바 씨가 억새 베러 가는 길에 따라나섰습니다. 억새 베는 곳에서는 지역 주민들이 만반의 준비를 하고 마쓰바 씨를 기다리고 있었습니다. 저희가 도착하자 휴경지에 자라난 억새 중 좋은 것만 골라 가며 조금씩 베어 나갔습니다. 이 지역에는 원래 초가지붕 집이 여럿 있었기 때문에 다들 능숙하게 억새를 베었습니다. 오전 작업만으로도 교체에 사용할 억새를 모두 모으시더군요.

저는 이처럼 씩씩한 모습에 마음이 끌립니다. 초가지붕 작업은 전문 기술자만의 기술이 아니라 작업을 돕는 과정에서 방법을 습득한 사람들이 활약하는 생활 기술이기도 했습니다. 기술자는 아니지만 지붕을 이을 줄 아는 사람, 초가지붕 교체 작업까지는 아니지만 억새 모으는 요령을 아는 사람. 이처럼 저는 중간 레벨 기술자라고 부를 수 있는 분들의 활약을 목격했습니다. 지금은 문화재의 지붕을 수리할 만큼 특별한 전문가와 아무것도 알지 못하는 초보자로 양극화되어 있어 초가지붕 잇기는 평범한 사람들의 삶과는 동떨어져 가고 있습니다. 한때는 생활의 일부로 기술을 보유하고 있던 중간 기술자가 점점 사라지고 있는 것이 초가지붕 감소 추세에 박차를 가하는 듯했습니다.

초가지붕 찻방과의 만남

그러던 어느 날, 에히메현 세이요시 문화재 관계자로부터 세이요시 시로카와초, 노무라초에 남아 있는 초가지붕 찻방에 관한 이야기를 들었습니다[그림 5]. 찻방은 시코쿠 남서부 산간 지역에 많이 남아 있는 건물 형식으로, 조금 전에 언급했던 가가와현 '요쓰아시도'와 마찬가지로 마을당 하나씩 지어져 있는 공동 재산입니다. 마을 큰길 옆에 세워져 주민들의 모임이나 장례, 제례 때 활용되거나 나그네에게 음식이나 마실 것을 내주며 대접하는 데 사용되어 왔습니다. 한 변이 1.8~2.7m인 작은 정사각형 구조에 사방이 뚫린 건물로, 누구든 마음 편하게 사용할 수 있게 되어 있습니다. 예전에는 찻방이면 모두 초가지붕으로 되어 있었지만 최근에 기와지붕이나 금속제 지붕으로 교체한 곳이 많아 지금은 세이요시 시로카와초, 노무라초 그리고 인근 지역인 고치현 유스하라

그림 5. 함께 활동하는 세이요시 문화재 관계자들과 초가지붕 찻방

초 정도에서만 유의미한 숫자의 초가지붕 찻방을 볼 수 있습니다. 1978년 실시한 조사에 따르면 당시 세이요시에는 52채의 초가지붕 찻방이 있었지만 지금은 16채로 줄었습니다. 문화재 관계자 입장에서는 어떻게든 남은 16채를 초가지붕인 채로 남기고 싶지만 지역 주민들 입장에서는 자녀들이나 손자들의 짐을 덜어 주기 위해 더 늦기 전에 내구성 좋은 재료로 지붕을 교체하고 싶어 한다는 것이었습니다.

이쯤에서 고치현 유스하라초의 '차야다니 찻방'을 소개합니다. 차야다니 찻방은 길 가는 나그네에게 차를 내는 손님 대접 문화가 남아 있는 곳입니다. 아무 생각 없이 아침 7시에 찻방 앞에서 사진을 찍고 있는데 지역 주민 어르신이 저를 불러 차를 내주셨습니다[그림 6]. 찻방에 걸터앉아 차를 마시며 지역의 이야기를 들었던 귀한 시간으로, 예전부터 전해 내려오는 생생한 찻방 문화를 접한 감동은 이루 말할 수 없을 정도였습니다.

그때 문득 마룻대의 최종 마감을 어떤 방식으로 하는지 궁

그림 6. 차야다니 찻방의 차 대접 문화(고치현 유스하라초)

금해졌습니다[그림 7]. 유스하라초에서는 마룻대 봉합 부위 사이로 비가 새어 들어오지 않도록 억새 다발을 덮어 두었는데 이곳 찻방의 억새 다발은 두껍고 형태가 소박했습니다. 기술자의 솜씨라고 하기에는 느낌이 달랐던 거지요. 아니나 다를까 주민들이 모여서 몇 년에 한 번씩 해당 부분만 수리한다고 했습니다. 지붕 전체를 시공할 때는 기술자를 불러 맡겼지만 손상되기 쉬운 마룻대 부분은 주민끼리 정기적으로 모여 손을 보는 것이지요. 지붕 공사는 까다롭다고 여겨질 수 있지

그림 7. 차야다니 찻방의 마룻대 마감(좌)과 기술자의 마룻대 마감(우)(고치현 유스하라초)

만 찻방처럼 작은 건물의 사소한 수리라면 비계 설비 없이 사다리만으로도 할 수 있으므로 지금도 지역 주민들 손으로 수리가 가능하다고 합니다.

이 지붕을 처음 봤을 때 이 지역에만 차 대접 문화와 지붕 수리 풍습이 함께 남아 있는 것은 우연의 일치가 아니라는 생각이 들었습니다. 커뮤니티가 와해되면서 초가지붕을 유지할 수 없게 되었다는 이야기를 종종 듣습니다만 초가지붕을 잇지 않아서 커뮤니티의 결속이 약해진 측면도 있지 않을까요? 초가지붕은 관리하는 데 품이 들지만 그러한 공동 작업을 통해 마을에 애착이 생기고 지역 문화에 관한 이해도가 높아지는 게 아닐까요?

그 지역의 재료로 교체하다

이러한 경험을 바탕으로 도출된 것이 세이요시 시로카와초, 노무라초의 찻방을 초가지붕 잇기 실천의 장으로 활용한다는 아이디어였습니다. 이 프로젝트에 함께할 사람은 공모를 통해 마을 외부에서 구했습니다. 주민들에게 사랑받는 찻방이 새로운 사람을 불러들여 공동 작업을 하거나 기술 계승을 하는데 꼭 어울리는 장소라고 생각했기 때문입니다. 우선 누가 작업을 지도할지 정해야 했습니다. 세이요시와 이웃한 고치현 유스하라초에 "나 혼자라도 초가지붕 찻방을 지키겠어!" 하며 강한 애정을 드러내는 초가지붕 최고 기술자에게 부탁했더니 무척 반기며 허락해 주었습니다. 뜻밖의 난관은 억새밭이었습니다. 앞서 언급했던 도쿠시마현이나 가가와현의 사례처럼 가까운 휴경지에서 직접 베어 사용하는 기발한 발상이나 문화의 계승을 꿈꾸며, 다른 지역에서 억새를 사 오기보다 가급적 직접 벤 억새를 사용하고 싶었습니다.

산 정상에 있던 과거 시코쿠 산간 지역의 억새밭은 산을 태우는 방식으로 유지했습니다[그림 8]. 산기슭의 마을 부근에서는 작물을 경작해야 했지만 바람이 불고 추우며 건조한 산 정상에서는 억새가 가늘고 가볍게 자라 지붕을 잇는 데 더 적합했기 때문입니다. 세이요시 시로카와초, 노무라초 역시 과거에는 마을마다 산에 억새밭이 있었는데 지금은 사라진 상태라 어떻게든 새로운 억새 채취 장소를 찾아야 했습니다. 처음 떠오른 아이디어는 여전히 산 태우는 풍습을 고수하고 있는 곳에서 베어오는 것이었습니다.

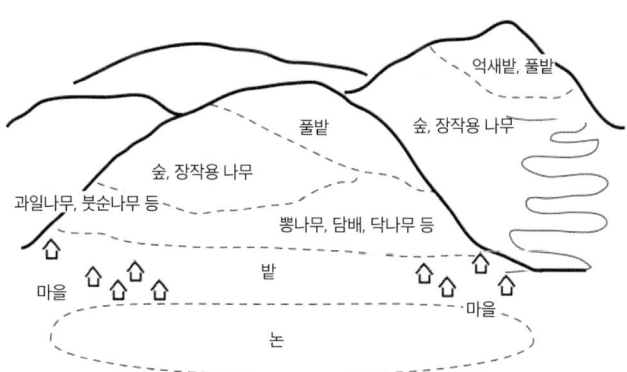

그림 8. 시코쿠 지역 산간 마을의 토지 이용(출처: 사사키 아쓰시(笹木篤) 외, 「현재 남아 있는 초가지붕용 억새밭의 전통적 관리 시스템 및 초가지붕 민가 마을 연구: '이나이 억새밭'의 전통 보존과 지역 주요 환경의 재생 전망」, 『주소켄연구논문집』 41쪽, 2014)

시코쿠 지역 안에서는 에히메현 시코쿠추오시와 도쿠시마현 미요시시에 아직 산 태우기 풍습이 남아 있었습니다. 곧장 찾아가 보았더니 예상한 대로 훌륭한 억새밭이 펼쳐져 있더군요. 그 옛날 시코쿠 지역의 억새밭은 이런 풍경이었겠구나 하고 감격하는 것도 잠시, 안타깝게도 억새를 베는 일은 단념해야 했습니다. 사실 두 지역 모두 관광 사업을 위해서 산을 태우고 있었고 억새밭의 풍경은 지역의 소중한 관광 자원이었기 때문입니다. 그러나 얼마 지나지 않아 1,400m 높이의 세이요시 최고봉 오노가하라 지구에서 억새를 벨 수 있게 되었습니다. 오노가하라는 찻방과 같은 노무라초에 속하는데 같은 지역의 찻방을 위한 일이라며 해당 지역에서도 뜻을 같이해 주셨기 때문입니다. 이로써 억새 채취부터 교체 공사까지 모든 일이 하나의 시 안에서 이루어지게 되었습니다.

찻방의 초가지붕 교체 공사 참가자는 세이요시 전역에서 모집했습니다. 초가지붕 찻방이 많이 있던 시절에는 '초가지붕(수요)', '지붕을 이을 사람(기술자)', '억새밭(자원)'이 모두 한마을 안에서 해결되었습니다. 하지만 지금은 '초가지붕(수요)'만 존재해 유지가 어려운 형편입니다. 따라서 인접한 고치현 유스하라초의 기술자와 세이요시 전역에서 '지붕을 이을 사람(기술자)'을 모집하였고, 새로운 공급처인 오노가하라에서 '억새밭(자원)'을 조달함으로써 조금 더 넓은 범위에 걸쳐 초가지붕을 유지하는 시스템을 재구축할 수 있으리라고 판단했습니다. 각 지점이 차로 한 시간 정도 걸리는 범위

그림 9. 공모 홍보 전단지

안에 있으니 지역 안에서 찻방을 지킨다는 취지도 지킬 수 있었습니다.

세이요시의 나머지 찻방 13채의 초가지붕은 1년에 한 채씩 차례로 교체 작업을 진행하기로 하고 일단은 연구실 주최로 3년 간의 교체 작업에 들어갔습니다. 참가자 공모를 위해 지역 신문에 1만 2천 장의 홍보 전단지를 끼워 배포했습니다. 모집 조건 난에는 '진지하게 임해 주실 분', '3년 연속으로 참가할 수 있는 분'이라고 적었습니다[그림 9]. 세이요시 교육위원회에서 각 마을과 교섭을 맡아 공사할 찻방을 찾아주신 덕분에 같은 멤버로, 일 년에 한 채씩, 3년 동안 억새를 베고 지붕을 교체하는 작업의 막을 올릴 수 있었습니다. 이후로도 프로그램은 계속되어 2024년 가을에는 여섯 번째 찻방 공사가 예정되어 있습니다.

주말을 활용한 프로그램과 지역의 협력

공모를 통해 모인 일곱 분의 참가자는 20대부터 60대까지 연령층이 다양했습니다. 공모를 할 때부터 작업 일정은 주말로 잡아 다른 일을 하고 있더라도 참가할 수 있도록 계획했습니다. 요즘은 농촌에도 평일 출퇴근하는 분들이 많아 그분들이 참가할 수 있는 스케줄이 아니면 활동을 계속할 수 없다고 판단했기 때문입니다.

1년 차에 참여한 전문가는 반장님 한 사람 뿐이었고 나머지는 모두 초가지붕 작업을 처음 접하는 사람들이었습니다. 민가 공사가 좋은 점은 그러한 초보 작업자라도 함께 북돋우며 만들어 갈 수 있다는 것입니다.

이 프로젝트의 또 하나의 장점은 초가지붕 찻방 공사가 간편하다는 것입니다. 커다란 건물의 초가지붕을 교체하는 공사였다면 주말만 작업해서는 공사 기간이 너무 길어지고 억새를 모으기도 힘들었을 겁니다. 찻방의 초가지붕 교체 작업은 5일 정도면 끝나고 짧은 기간임에도 모든 기술 요소를 체험할 수 있어 실습하기에도 안성맞춤이었습니다. 아울러 교체 작업에 필요한 억새도 250~300다발 정도여서 직접 벤 억새와 구매한 억새를 합하면 매년 필요 수량만큼은 준비할 수 있었습니다[그림 10]. 사실 오노가하라 지구에는 눈 때문에 11월 말부터 약 2주 사이에만 억새를 벨 수 있어 다음 해 공사에 필요한 양을 확보하지 못하는 일이 잦았습니다. 수확량도 해마다 들쭉날쭉했는데 다행히도 아소 지구의 초가지붕 기술

연도	2019	2020
작업일 수	5일	5일
사용량	0.33㎥x2x250다발 (아소 지구 구매 200다발+베어 둔 억새 50다발)	0.33㎥x2x300다발 (강좌 100다발+ 오노가하라 지구 구매 200다발)
참가자	수강생 7명+지역 주민+대학생+시 교육위원회	수강생 5명+지역 주민+대학생+시 교육위원회
해체한 억새	비료화	비료화
사진		

그림 10. 2019~2020년 초가지붕 찻방 공사의 진행 내용

자와 오노가하라 지구의 농가로부터 억새를 구매할 수 있었던 덕분에 매해 무사히 공사를 마칠 수 있었습니다.

직접 공사를 하면서 알게 된 점이 두 가지 있습니다. 첫째는 가볍고 다루기 쉬운 소재, 억새의 매력입니다. 찻방은 좁은 옛길 가에 서 있으므로 차를 바로 옆에 대지 못하는 경우도 많았습니다. 하지만 억새 한 다발은 '혼자서도 들 수 있는 크기'로, 한 다발씩 굴리거나 던져서 옮길 수 있습니다. 건조된 억새는 여성이라도 가뿐하게 들 수 있습니다. 이처럼 누구나 참여할 수 있는 작업이 있다는 것은 엄청난 장점이며 다함께 억새를 옮기는 사이 조금씩 단합력이 생겨납니다. 억새 운반 작업은 참가자뿐만 아니라 지역 주민들도 많이 도와주

셨습니다. 예를 들어 1년 차에는 찻방이 도로에서 꽤 멀리 떨어져 있어 억새들을 어떻게 옮길지가 관건이었습니다. 하지만 지역 주민분들이 언덕 위의 도로에서 억새 다발을 굴려 떨어뜨린 다음 손에서 손으로 전달하며 날라 주셨습니다. 그리고 여느 찻방 할 것 없이 해체한 억새는 버리지 않고 비료로 사용하겠다며 처리해 주셨습니다. 농촌이기에 가능한 '폐기물 없는 현장'이 저에게는 신선한 충격이었습니다.

둘째는 찻방이 지역 주민들의 소중한 공간이라는 점입니다. 공사를 실시한 마을은 어디든 찻방의 일이니 돕는 게 당연하다는 분위기였고 "지붕에 올라가는 일까지는 아니라도 억새를 옮기고 간식을 준비하는 일은 우리가 하겠다"라고 말씀해 주셨습니다. 공사가 주말에만 진행된 것은 애초에 참가자들을 위한 조치였으나 결과적으로 지역 주민들에게도 좋은 일이었습니다. 주말에 공사를 진행한 덕분에 평일에 출근하는 지역의 젊은 세대들도 참여할 수 있었고 강좌 관계자끼리만 공사를 해치우는 상황도 피할 수 있었습니다. 찻방이 있는 마을은 모두 20~30년 전 상호부조만으로 초가지붕 교체를 실시했던 결속력 강한 곳으로, 젊은 시절 그 모습을 목격했던 60세 전후의 세대는 당시의 추억을 떠올리며 공사를 도와주셨습니다.

건축사가인 이토 데이지는 저서 『지붕』에서 지붕의 마룻대에는 '도시마이'와 '도카자리'라는 두 가지 이름이 있다고 썼습니다. '도시마이'는 기술적인 측면을, '도카자리'는 사회

그림 11. 1년 차(2019) 활동의 단체 사진

적인 측면을 가리킨다고 합니다. 현재의 연구가나 대학생은 건물만 남아 있다면 '도시마이'는 조사할 수 있지만 '도카자리'라고 불린 연유를 보거나 들을 기회가 거의 없습니다. 대학에서 왜 이런 활동을 하는지 의아하게 느끼실지도 모르겠네요. 매년 초가지붕 교체 프로그램을 진행하는 일은 '도카자리'라 불리는 민가의 또 다른 중요한 측면, 즉 만드는 작업을 지원하는 지역 사회의 존재 및 지붕 완성을 함께 축하하고 기뻐하는 체험을 해 본다는 커다란 의미를 지닙니다. 초가지붕 찻방은 13채 있으니 앞으로도 13년은 계속될 듯합니다. 또한 13년 뒤에는 다시 처음 교체 작업을 했던 찻방의 교체 시기가 찾아오므로 이 활동은 끝없이 계속될 수 있습니다. 그 무렵에는 저를 비롯해 참여하신 분들 모두 찻방이 있는 세이야시의 마을이 제2의 고향처럼 느껴지겠지요[그림 11].

목욕탕과 마을의 생태계를 복원하다

"저는 건축 디자인 연구실을 나온 뒤 무대 미술과 TV 촬영 세트장 등을 만드는 회사에서 이벤트 업무를 주로 했습니다. 이후 건축 교육 분야에 종사하며 지역 활동을 하고 있습니다. 그 시작은 '풍요로운 마을이란 뭘까?' 하는 물음에서 비롯되었습니다."

06

MAKER 구류 하루카

자신이 살고 있는 분쿄구를 더 자세히 알고 싶어서 활동을 시작한 구류 하루카는 목욕탕을 주축으로 한 지역 생태계의 기록 및 보존, 계승에도 힘쓴다. 목욕탕을 테마로 꾸민 수레를 끌며 거리를 활보하는 등 다양한 아이디어 넘치는 활동으로 건축 및 도시 전문가의 지식과 능력의 잠재성을 보여준다. 한편으로는 이렇게까지 해도 역사적인 건축물이 사라져가는 엄혹한 현실을 상기시켜 주기도 한다.

저는 원래 축제를 좋아하기도 하고 축젯날 거리나 광장에 가설물이 세워지고 축제의 장이 펼쳐지는 모습에 흥미가 있어 학창 시절, 베네치아에서 유학했습니다. 이탈리아에는 고대, 중세 시대의 옛 시가지가 거의 그대로 남아 있어 이탈리아 사람들은 그곳에 가설물을 설치하고 마을의 표정을 연출하는 데 무척 능숙합니다[그림 1]. 저는 1년 동안 이탈리아 마을의

그림 1. 유서 깊은 시가지의 활성화 방안 조사(시에나)

공용 공간이 어떻게 사용되는지를 조사하면서 그곳에서 여러 세대, 다양한 사람들이 일상적으로 교류하는 모습을 볼 기회가 많았습니다. 주민들이 모이는 곳이 많고 그곳에 가면 이웃들이 있으며 주민들은 마을에 애착이 강하더군요. 그리고 서로 대화하려는 역사와 문화도 있었어요. '풍요로운 마을이란 뭘까?' 하는 물음이 절로 떠오르는 경험이었습니다. 이러한 경험 이후, 지역의 매력을 찾고 공유하는 일 및 마을 사람들이 머물 곳을 고안하는 것을 중심으로 지금껏 활동을 이어오고 있습니다.

저는 2011년부터 '분쿄건축회 청년회'라는 모임을 이끌고 있습니다. 분쿄구에는 건축사회 분쿄지부와 건축가협회 분쿄지부가 함께하는 지역 모임 '분쿄건축회'가 있는데, '분쿄건축회 청년회'는 분쿄건축회의 젊은 회원들이 모여 만든 모임입니다. 저는 어린 시절부터 분쿄구에서 자랐지만 분쿄구에 관해 아는 것이 별로 없었습니다. 다른 멤버들 역시 대부분 분쿄구에서 살고 근무하는 젊은 건축 관계자였지만 저와 마찬가지로 이 지역을 제대로 아는 사람이 없었습니다.

그런 상황에서 첫 프로젝트로 진행한 것이 바로 분쿄구 내 사자상 조사입니다. 30곳, 60개의 사자상을 모두 둘러보며 높이와 가슴둘레를 잰 뒤 리스트를 만들고 높이 순으로 나열해 보았지요. 그 밖에도 두부 가게의 두부 비교, 전통 과자집의 당고 수 조사, 간토대지진 이후 지어진 목조 상가 주택 정보 수집, 찻집 간판 기록 등의 활동도 진행했습니다. '분쿄 그

그림 2. 사자상을 높이 순으로 나열한 엽서(분쿄건축회 청년회 굿즈)

래픽'이라는 이름으로 멤버들이 원하는 주제에 관한 조사를 반복했습니다. 활동의 중요한 포인트는 모두 즐기면서 할 수 있어야 한다는 것입니다. 얼핏 '하찮은' 조사처럼 보이지만 지도상에 표시해 보면 주제별 관계성이 드러나 지역을 깊게, 입체적으로 이해할 수 있습니다.

아울러 분쿄건축회와 함께 분쿄구의 명소를 테마로 한 그림엽서 공모전 '분쿄 명소 그림엽서 대상'을 매년 주최하기도 합니다. 2024년으로 12회를 맞이했습니다[그림 2].

매년 접수되는 600통 정도의 공모작은 모두 분쿄구 형상으로 만든 전시대 위에, 해당 장소가 어딘지 한눈에 알 수 있도록 배치해 전시하고 있습니다. 지역의 숨은 매력을 가시화해 남녀노소 할 것 없이 모든 사람이 지역에 애정을 가질 수 있도록 돕는 활동입니다.

지역의 목욕탕 생태계

이러한 활동의 일환으로 분쿄구 내 목욕탕을 찾았다가 6개월 뒤 문을 닫아야 할 만큼 심각한 상황에 처해 있다는 사실을 알게 되었습니다. 저희는 그때부터 점점 사라져 가는 목욕탕을 '응급처치'하기로 했습니다. 이 목욕탕을 방문한 2012년 기준 분쿄구에는 목욕탕이 총 11곳 있었으나 2020년에는 5곳으로 줄었습니다.

저희는 분쿄구 내 목욕탕에서 일어나는 다양한 일들에 관심을 두고 조사했습니다. 기술자의 손길과 주인장의 취향이 느껴지는 훌륭한 페인트화, 타일 벽화, 카운터 세공 등의 세밀한 부분이 눈에 들어오더군요[그림 3, 그림 4]. 아울러 베이비붐 시대, 아기 침대가 줄줄이 늘어서 있는 장면을 찍은 옛 사진을 발견하기도 했고 청취 조사를 통해 예전에는 목욕탕이 마을 회관 같은 곳이었다는 사실도 알게 되는 등 목욕탕의 다양한 역사를 파헤쳤습니다. 심야 시간, 영업이 끝난 목욕탕에서 주인이 청소하는 광경이나 목욕탕 뒤뜰 우물에서

그림 3. 기술자의 손길이 느껴지는 목욕탕 세부 장식

그림 4. 목욕탕과 함께 사라져 가는 기술자의 솜씨

그림 5. 목욕탕 해체 공사

퍼 올린 물을 지역에서 발생한 폐자재로 데우는 생태학적인 측면도 목격했습니다. 몸이 불편한 세신사가 지역 주민들에게 응원받으며 일하는 모습, 고향을 떠나 연고가 없는 아르바이트생도 가족처럼 아껴주는 모습, 판에 박힌 현대 사회에도 다양한 사람들의 머물 곳이 되어 주는 모습도 봤습니다. 어르신들만 목욕탕을 이용할 것이라는 추측과 달리 젊은 세대나 어린이도 많아 여러 세대가 소통하고 있었습니다.

하지만 대부분의 목욕탕은 폐업하면 순식간에 해체되었습니다[그림 5]. 해체 공사 현장에도 모두 입회해 기록을 남겼습니다. 사라지고 나면 정말 아무것도 기억할 수 없을 테니까요. 지역 주민들에게 그토록 사랑받던 장소였지만 뭐가 있었는지도 잊고 맙니다. 목욕탕이 있던 자리에는 어디에서나

그림 6. 목욕탕을 중심으로 한 지역의 생태계

볼 수 있는 맨션이나 주차장이 생깁니다.

더 심각한 것은 목욕탕이 사라지면 목욕탕을 생활 인프라로 이용하던 옛집이나 마을이 함께 사라진다는 사실입니다. 지은 지 약 100년이 된 공동 주택이 어느 순간 사라지거나 목욕탕 손님들이 드나들던 상점이 함께 문을 닫습니다. 목욕탕이 사라지는 것은 마을 하나가 사라지는 것만큼의 파급력이 있다고 할 수 있습니다. 그러한 광경을 목격하면서 목욕탕을 주축으로 한 '지역 생태계'가 존재하고 있음을 깨달았습니다. 도쿄에서도 특히 분쿄구는 인구 유입이 많은 만큼 맨션 수요도 많아 목욕탕 부지에 눈독을 들이는 경우가 많다고 합니다. 이렇게 목욕탕이 사라지면 '지역의 생태계'는 붕괴되고 맙니다[그림 6].

기록하고 알리다

이러한 상황에서 우리는 무엇을 할 수 있을까요? 도쿄의 토지 개발은 속도가 무척 빨라, 목욕탕 영업 중에도 재개발을 노린 부동산 중개업자가 드나들기도 하고 폐업하면 곧장 기존 건물을 해체하는 일도 잦습니다. 재생·활용 방안도 여러 가지로 제안해 봤지만 이러한 흐름을 멈추기에는 역부족이었습니다. 상황이 이러니 기록이라도 잘 남겨 놓자는 생각에 최근 수년간 목욕탕 기록 활동을 이어 왔습니다.

기록할 때는 건물을 실측하거나 일하는 모습을 사진으로 찍기도 하며 지붕 밑에 들어가 작업했던 목수의 흔적이나 건축물의 개요가 적힌 명패를 찾기도 합니다. 3D 스캐너나 드론 등도 사용하지요[그림 7]. 목욕탕은 일반인이 사용하는 곳이라 공식 기록이 많이 남아 있지 않습니다. 그토록 사랑받아 왔으면서도 사진 한 장 남아 있지 않은 곳이 많아 이번 기회에 여러 방면의 기록을 남기기로 했습니다. 건물의 현 상황

그림 7. 3D 스캐너를 통한 기록 (출처: ㈜마쓰시타산업, 촬영 협조: ㈜야마이치테크노)

그림 8. 「사치스러운 이웃 공간 "목욕탕"」 전(2013) 전시 모습

을 기록하는 데 그치지 않고 목욕탕의 역사나 지역의 옛이야기를 청취하고 때로는 탁본을 뜨기도 했습니다.

이렇게 모은 기록은 전시의 형태로 선보입니다[그림 8]. 기록한 내용을 알기 쉽게 전달하지 않으면 의미가 없으므로 비전문가라도 쉽게 이해할 수 있는 도면을 그리고, 사진집을 만들고, 옛 모습을 재현한 부스를 만들어 어린이부터 어르신까지 흥미를 느낄 수 있도록 합니다. 이러한 활동이 진행되는 중에도 목욕탕은 차례로 폐업을 이어갔고 이에 따라 전시품을 늘려 가며 분쿄구 내외에서 순회전을 열었습니다. 2021년에는 호주에서 개최된 목욕탕 전시회에도 국제교류기금 전시로 참여했습니다.

때로는 실제 폐업하는 현장에서 견학 모임을 열기도 합니다. 처음에는 손사래 치던 목욕탕 주인도 사람들이 좋아하는 모습을 보고 함께 기뻐합니다. 조용히 사라지기보다는 마지막에 뜨거운 배웅을 받으며 사람들의 기억 속 강렬한 기억으로 남는 것도 중요하다는 생각이 드는 순간이었습니다.

계승하고 연결하며 다음을 기약하다

기록을 남기는 활동에 더해 '마을을 잇는' 활동도 실시하고 있습니다. 마을(まち, 마치)을 이어 나가는 '계승(継ぎ, 쓰기)', 마을의 여러 요소를 잇는 '연결(接ぎ, 쓰기)', 마을의 미래를 생각하는 '다음(次, 쓰기)'의 뜻을 담아 '마치쓰기'라고 부릅니다. 건물은 남아 있지 않더라도 그 자리에 있던 이야기, 기억, 커뮤니티의 유대만이라도 보존할 수 있기를, 지역의 미래를 위해 조금이라도 무언가를 이어 나갈 수 있기를 바라며 활동하고 있습니다.

 예를 들어 목욕탕에서 받아온 물건에 내력을 기재한 설명서를 붙이고 분쿄구청 등에서 게릴라식으로 전시회를 개최한 적이 있습니다[그림 9]. 학생 기숙사 근처에 있던 목욕탕이었기 때문에 이곳을 이용했던 사람들이 일본 전역에서 전

그림 9. 「마치쓰기-마을의 이야기를 잇다」전(2015) 모습과 물건 내력 설명서.

그림 10. 후지산이 그려진 멋진 페인트화는 세계유산 관련 자료로 활용할 수 있도록 후지시로 보냈다.

시회를 찾아 주었습니다.

그 밖에도 목욕탕에 있던 역사나 서사가 있는 물건들을 그 물건들을 활용하고자 하는 곳에 중개하기도 합니다. 오래된 목욕탕에 있던 후지산 페인트화는 세계유산 관련 자료로 활용할 수 있을 것 같아서 후지시에 건넸고[그림 10], 이시카와현 특산 '구타니야키'로 구성된 타일화는 타일의 생산지인 다시미시 모자이크 타일 박물관에 상설 전시를 위해 기증했습니다. 아울러 물건뿐만 아니라 기술자의 솜씨도 계승한다는 의미로 야외에서 페인트화 화가의 라이브 페인팅 쇼를 개최하고, 마을의 '다음'을 생각하자는 뜻으로 부동산을 통해 운영 중인 목욕탕의 초대권을 지역 주민에게 배포했습니다.

목욕탕을 폐업하는 이유는 다양하고 건축만 알아서는 어떤 해결책도 낼 수 없기에 다양한 분야의 전문가와 함께 스터디를 진행하고, 목욕탕의 보전·활용 제안을 위해 내진 성능 진단을 받기도 합니다. 목욕탕의 폐업을 막는 데까지는 미치지 못했지만 이러한 활동들은 서서히 커다란 흐름을 만들어 갔습니다.

아울러 지역에 목욕탕 같은 새로운 화합의 공간을 만드는 활동도 진행하고 있습니다. 분쿄구 네즈 지역에는 지은 지 100년이 넘은 옛 공동 주택이 있는데 이 중 일부를 빌려 지역의 옛 이름을 딴 <아이소메>라는 이름을 짓고 지역 주민을 위한 살롱을 열었습니다[그림 11]. 이곳은 원래 마을 축제용 가마를 넣어 두던 곳으로 축제 때마다 주민들이 모여들었으니 그 역사를 계승하고 있는 셈입니다. 예부터 마을의 광장 역할을 했던 '아이소메 거리'와 접하고 있어 이웃 간의 교류 문화도 남아 있었습니다. 살롱을 열자 사람들이 모여들었고

그림 11. 지은 지 100년이 넘은 옛 공동 주택은 마을의 광장 역할을 하는 거리와 접해 있다
(촬영: 사와다 게이지(澤田圭司) / '새로운 우물가' 중 하나인 지역 살롱 <아이소메>

그림 12. 목욕탕을 테마로 한 조립식 수레의 부품 제작·운영을 맡고 있는 목욕탕 수레 행진팀: 구류 하루카, 산몬지 마사야(三文字昌也), 우치우미 고헤이(内海晧平), 무라타 유키(村田勇気)

조금씩 목욕탕 같은 의미 있는 장소가 되어 가고 있습니다.

최근 분쿄구에는 이처럼 빈집, 재개발을 앞둔 빈 건물의 한 공간을 지역 주민들에게 개방하는 경우가 늘고 있습니다. 저희는 이러한 공간을 '새로운 우물가'라 이름 짓고 조사하고 있습니다. 비록 주민들의 삶과 밀접한 연관이 있는 목욕탕은 사라지지만 커뮤니티는 또 다른 방식으로 건강하고 유기적으로 계승되고 있는 게 아닌가 하는 생각이 듭니다.

<아이소메> 외에도 빈 창고를 개조해 <업사이클 살롱 하쿠산 창고>라고 이름 지어 지역 주민에게 개방했습니다. 이곳은 폐업한 지역의 목욕탕, 료칸, 찻집에서 받아 온 물품들을 보관하는 장소이기도 합니다. 목욕탕에서 받아 온 물품

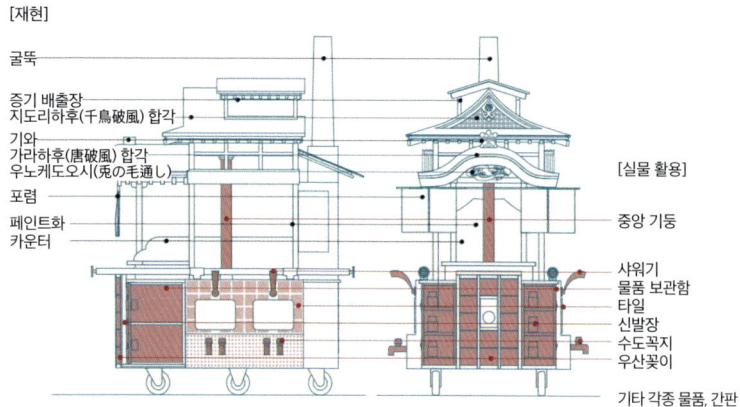

그림 13. 목욕탕 수레 입면도(2020)

으로 창고도 장식하고, 브리콜라주 방식으로 동료들과 함께 '목욕탕 수레'도 만들었습니다[그림 12, 그림 13]. '사라진 목욕탕에 애도를 표하고 남아 있는 목욕탕을 축복한다'라는 주제 아래 '목욕탕 수레 행진'이라는 축제도 개최합니다. 조립식으로 구성된 이 수레는 문 닫은 목욕탕에서 얻어 온 물품을 활용하는가 하면, 목욕탕의 단골이던 조각가 무라타 유키가 목욕탕의 중앙기둥으로 조각한 수레용 가라하후 합각 등을 더해 만들어졌습니다. 국제 예술제 '도쿄 비엔날레 2020/2021'에서는 목욕탕 수레를 끌고 거리를 행진했습니다[그림 14]. 수레에 물품을 제공해 준 폐업 목욕탕 근처에서는 그곳을 애용하던 지역 주민들이 목욕탕 사진을 품에 안고 저희를 맞이해 주기도 했습니다. 짧았지만 과거의 따뜻한 지역 커뮤니티가 재현되는 순간이었습니다. 이 역시 하나의 '마치쓰기'라고 할 수 있겠습니다.

그림 14. 목욕탕 수레 행진 모습

재생을 향해

지금까지 말씀드린 것들은 대부분 '응급처치'에 관한 내용으로, 실제로 목욕탕을 지켜내기에는 역부족이었습니다. 하지만 다양한 활동을 해 나가는 동안 비슷한 생각을 지닌 사람들이 점점 늘어났고 덕분에 사회적 분위기가 조금씩 바뀌고 있음을 느낍니다.

 2018년부터는 분쿄구와 이웃한 기타구의 한 목욕탕 '타키노가와 이나리유'에서 활동을 이어가고 있습니다. 분쿄구에서 진행한 활동들이 알려지며 연이 닿았습니다. 이 마을은 전쟁의 화를 면해 옛 풍경이 그대로 남아 있는 곳으로, 이나리유 역시 흔히 '미야즈쿠리'라 불리는 건축 양식으로 지어진 근사한 도쿄식 목욕탕입니다. 2019년, 저희는 우선 이 건물을 국가의 등록 유형 문화재로 등록하는 신청 절차를 도왔습니다. 목욕탕, 그중에서도 도쿄의 목욕탕은 상당히 멋스럽게 지어졌음에도 불구하고 문화재로 등록된 경우는 거의 없습니다. 이나리유가 도쿄에서 두 번째였지요. 다만 목욕탕 뒤편으로 고층 맨션을 짓는 공사가 시작되는 바람에 건물의 보존을 장담할 수 없었고 등록 유형 문화재의 지원 자금만으로는 충분하지 않았기 때문에 뉴욕에 본사를 둔 세계기념물기금에도 등록 신청을 했습니다. 세계기념물기금은 세계 각국에서 신청을 받아 2년에 한 번 선정 결과를 발표하는데, 놀랍게도 이나리유는 250건의 신청 중 25건 안에 선정되어 노트르담 대성당, 마추픽추의 문화 경관 등과 같은 세계 유산들과 어깨를 나란히 하는 쾌거를 올렸습니다[그림 15].

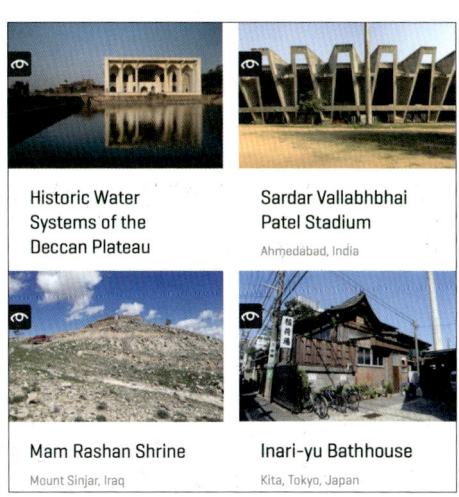

그림 15. 세계기념물기금 홈페이지에 게시된 이나리유

이후 세계기념물기금과 아메리칸익스프레스 사로부터 약 20만 달러를 지원받아 1930년에 지어진 건물의 일부와 장작 거치소를 수리하고 내진화를 진행하는 한편, 1927년에 옮겨 지은 공동 주택형 옛 직원 숙소를 리노베이션해 지역 주민들에게 개방했습니다. 이 공간은 목욕 후 잠깐 쉬는 휴식처이자 주민들의 살롱으로, 목욕탕이 '유야(공중목욕탕)'라고 불리던 시절 손님이 휴식을 취할 수 있도록 2층 공간을 개방한 데서 아이디어를 얻었습니다. 오래오래 사랑받는 장소가 되도록 간단한 시공 작업을 주민들과 함께하기도 했습니다. 예를 들어 훼손된 흙벽을 무너뜨리고 미장 기술자와 함께 대나무 윗가지를 세우는 일부터 시작해 새로운 흙벽을 쌓는 워크숍을 진행했으며 함께 타일을 붙여 완성했습니다[그림 16]. 현재 살롱은 목욕탕과 마을의 생태계를 복원하는 데 큰 역할을 하고 있습니다. 아울러 이 사례를 계기로 일본 각지의 목욕탕을 지원하는 일반사단법인 '목욕탕과 마을'이 설립되었습니다.

그림 16. 이나리유 살롱 리노베이션 프로젝트에서 해체 공사를 위해 조사하는 모습

이나리유 사례로 인해 최근 제가 참여하는 다른 사례에서도 조금씩 분위기가 달라졌습니다. 예를 들어 분쿄구 혼고 일대의 역사를 품은 어느 료칸이 난개발로 해체될 위기에 놓이자 뜻있는 지역 기업이 나서서 보전·활용 방안을 모색하고 있습니다. 종합 건설사인 마에다 건설공업이 시로카네다이 지역에 자리한 와타나베 진키치의 옛 저택을 옮겨 짓는 사례도 있었습니다. 역사·문화적 가치를 지닌 건물은 죄다 사라지고 말 거라는 우려와 달리 최근 몇 년간 긍정적인 움직임들이 관찰되고 있습니다. 조금씩이기는 하지만 흐름이 바뀌고 있다는 생각도 듭니다.

아무도 하지 않지만 중요한 일

누군가 저에게 왜 '계승' 활동을 시작했고 지금도 계속하냐고 물으신다면 저는 '아무도 하지 않으니까'라고 대답할 거예요. 솔직히 말씀드리면 여전히 이 활동이 즐겁다고 자신 있게 말씀드리기는 어려울 것 같아요. 정말 힘들고 괴로워서 때로는 다 내팽개쳐 버리고 싶지만 정말 중요한 일이기 때문에 지금은 사명감으로 하고 있습니다.

며칠 전에도 근처 목욕탕 후지미유가 해체되었습니다. 폐자재 중에는 지금은 구하기도 힘든 훌륭한 목재 들보도 섞여 있었는데 그런 재료들조차 폐기물 처리장에서 태우거나 우드칩으로 만들어 버리는 것이 도쿄의 실태입니다. 그런가 하면 목욕탕 중에는 아직 장작으로 물을 데우는 곳도 있습니다.

이런 목욕탕들은 시내 목조 가옥에서 폐자재가 나오지 않으면 장작을 구하지 못해 운영이 힘들어집니다. 연료 가격이 점점 상승하는 추세 속에서 어떻게든 장작을 구하려는 사람들이 있는 한편 폐기물 처리장에서는 훌륭한 목재(물론 그대로 활용하는 것이 가장 좋겠습니다만)가 무심히 폐기되고 있습니다. 어딘가 균형이 무너진 듯한 느낌이 듭니다. 무엇보다 지역 주민들에게 짙은 아쉬움을 남기고 해체되어 가는 목욕탕 바로 뒤에서 새로운 고층 빌딩 개발 공사가 진행되는 모습을 건축인으로서 그저 보고 지나칠 수는 없습니다.

이나리유 살롱의 창호를 수리해 주신 창호 업체의 건물 역시 현재 해체를 목전에 두고 있습니다. 사장님은 88세의 나이에도 불구하고 여전히 훌륭한 솜씨를 자랑하는 분입니다. 예전에는 다른 지역에서 일부러 찾아오는 손님도 있을 정도였지만 지금은 대부분 건축에 알루미늄 창호를 사용하는 바람에 일이 줄었습니다. '알루미늄 창호를 할 바엔 그만두겠다'라며 자존심으로 버틴 끝에 결국 폐업하셨지요. 건물이 해체된다는 소식을 듣고 기록을 남기기 위해 부랴부랴 찾아갔는데 특별 주문해서 만든 연장들까지 모두 버리겠다고 말씀하셔서 바로 얻어 왔습니다. 현재 도쿄에는 이런 창호 업체가 거의 남아 있지 않고 기술도 연장도 모두 사라져 가고 있습니다. 예전에는 대팻밥도 모아두면 인근의 목욕탕이 연료로 가져가 주었지만 이제 목욕탕도 사라져서 순환이 끊어지고 말았습니다.

이처럼 도쿄, 일본에서는 아무도 눈치채지 못하는 사이 문화, 역사, 기술, 지역의 귀한 관계성이 사라져 가고 있습니다. 현재 대부분의 도시 개발은 오랜 세월 가꾸어 온 지역의 역사와 서사, 주민 간의 유대 등을 한순간에 끊고 모든 것을 리셋한 뒤에 진행됩니다. 준공되고 나면 그 자리에 있던 다양한 일상의 모습도, 심지어 무엇이 있었는지조차 떠올릴 수 없게 되지요. 일종의 재해에 가깝다고 생각합니다.

당연한 소리지만 건물을 지을 때는 이용자나 이웃들이 다음 세대로 '물려주고 싶은', 소중한 공간을 지을 책임이 있어요. 저는 앞으로도 과거의 것을 물려받아 다음 세대로 연결하는 활동을 계속하고자 합니다.

MAKER 04

니시야마 메이 Mei Nishiyama

마이키 디렉터

1989년 군마현 출생. 지바대학 공학부 건축학과 졸업. 마을조성사업을 기획하는 기타야마 창조연구소에 입사해 니시치바 지역의 지역 활성화 프로젝트를 진행하며 오픈스페이스 <헬로 가든(HELLO GARDEN)>, 메이커스페이스 <니시치바 공작실>을 기획하고 론칭했다. 더 적극적으로 지역 공간 조성에 임하고자 2014년, 앞서 언급한 두 공간의 운영 주체인 마이키로 이직했다. 기획, 콘텐츠 개발, 아트 디렉션, 인재 육성 등 다양한 분야의 능력을 바탕으로 니시치바 지역뿐만 아니라 일본 전역의 일상 공간을 조성하고 주민들의 창의적인 활동을 지원한다.

MAKER 05

가마토코 미야코 Miyako Kamatoko

가가와대학 강사 / 민가 연구가

도쿠시마현 출생. 쓰쿠바대학대학원 인간종합과학연구과 박사 과정 수료. 디자인학 박사. 2013년부터 가가와대학 강단에 서고 있다. 주민의 상호부조라는 민가의 생산 시스템에 감명을 받아 구성 방법이나 생산 조직의 관점에서 민가와 마을을 연구한다. 2019년부터는 연구 활동에서 만난 지인들과 함께 에히메현 세이요시에서 상호부조 시스템을 활용한 초가지붕 잇기 강좌를 열고 1년에 1동씩 초가지붕 교체 작업을 실천한다.

MAKER 06

구류 하루카 Haruka Kuryu
목욕탕과 마을 대표이사 / 분쿄건축회 청년회 대표

와세다대학 및 동 대학원에서 건축을 공부하고 베네치아에서 유학했다. NHK아트를 거친 뒤 대학에서 건축 교육에 힘썼다. 현재는 호세이대학, 게이오기주쿠대학 SFC 비상근 강사다. 호세이대학 에도도쿄센터 객원 연구원으로, 도시 공간과 커뮤니티를 연구한다. 2011년부터 지시로(地城)의 매력을 다양한 각도에서 전파하는 분쿄건축회 청년회를 이끌고 있다. 연관된 활동의 일환으로 2020년, 일반사단법인 '목욕탕과 마을'을 설립하고 동료들과 함께 목욕탕과 주변 지역의 재생 활동을 펼치고있다. 도쿄문화자원회의와 '도쿄 비엔날레 2020/2021'에 혼고 영역 디렉터로서 참여했다. 빈집을 활용한 지역 살롱 등도 운영한다.

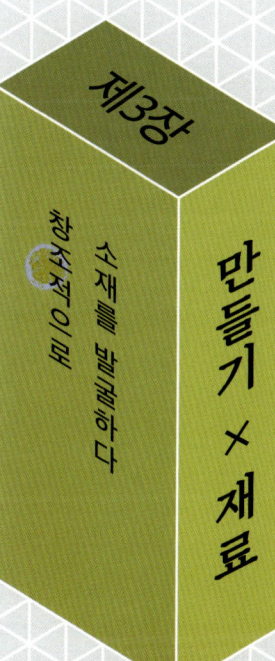

제3장

만들기 × 재료

소재를 발굴하다
창조적으로

옛집의 건축 자재를 업사이클링해
새로운 문화를 만들다

"저는 1984년생으로, 2003년부터 2007년까지 나고야시립대학에서 건축을 공부했습니다. 다양한 분야의 디자이너들이 교수님으로 계셨는데 그중에는 당시 굿디자인상 심사위원장이었던 가와사키 가즈오 선생님도 계셨습니다. 1학년 첫 수업에서 저희에게 '디자인으로 더 나은 세상을 만들라'라고 하신 말씀이 기억에 남습니다. 당시 18살이었던 저는 '디자인을 공부하면 세상을 더 나은 곳으로 바꿀 수 있구나' 하고 깨닫고 열심히 배워 나갔습니다."

07

MAKER 아즈노 다다후미

해체되는 옛집이나 폐가에서 부재, 건축 자재, 가구, 소품 등을 '구조'해 설계에 활용하거나 잘 다듬어 판매한다. 나가노현 스와시에 설립한 리빌딩 센터 재팬, 줄여서 '리비 센터'는 재이용 가능한 재료의 구출 거점이자 구출한 소품을 판매하고 워크숍을 개최하는 지역 문화 거점이다. 아즈노 다다후미는 다음 세대에 물려줄 것과 문화를 발굴해, 즐거우면서도 건전한 삶을 살아갈 수 있도록 미래를 디자인한다.

졸업 후에는 3년이 조금 안 되는 기간 동안 디스플레이 디자인 회사에서 일했습니다. 주로 홍보를 위한 공간 디자인을 맡아, 3일의 홍보 기간이 끝나면 모조리 폐기되는 소모적인 디자인 업무를 했습니다. 다만 연간 100건 정도의 디자인을 맡았기 때문에 당시 습득한 기술과 경험은 지금의 밑바탕이 되었습니다.

2010년부터는 1년 동안 세계 일주를 떠났습니다. 여행을 시작하게 된 계기는 뉴욕에서 열린 「Design for the Other 90%」라는 전시회 때문이었습니다. 전 세계 인구의 상위 10%에 불과한 부유층만이 디자인을 누리고 있다는 사실을 전제로, 나머지 90%를 위해 디자인이 할 수 있는 일을 제안하는 내용이었습니다. 여러 전시품 가운데 가장 감명 깊었던 것은 <Q 드럼>이라는 제품으로, 수도 시설이 없어 멀리 떨어진 강까지 물을 뜨러 가야 하는 지역에서 아이 혼자서도 50L 이상의 물을 옮길 수 있도록 잘 굴러가는 원통형으로 설계된 물탱크였습니다. 이런 디자인을 하려면 사회가 직면한 문제를 이해해야겠다는 것을 깨닫고 일본에서 서쪽으로 이동하며 약 40개국을 여행했습니다. 아프리카를 여행하는 동안에는 컴퓨터도, 프린터도, 전기도 없는 어느 보육원에서 봉사활동을 했는데 CAD나 키노트 없이 일할 수 없는 디자이너는 아무 쓸모 없다는 사실을 뼈저리게 느꼈습니다. 주어진 조건에서, 뛰어난 실력으로, 다른 사람을 위해 디자인할 수 있는 디자이너가 되겠다고 다짐했습니다.

현장을 마주하는 방법을 배우다

여행을 마친 후인 2011년 1월, 저는 26살 나이에 프리랜서 디자이너가 되었습니다. 전시 부스 같은 소모적인 디자인이 아

그림 1. <메디칼라 하우스> 모습

그림 2. <뉘 호스텔 & 바 라운지> 내부 모습

니라 10년이고 20년이고 오래오래 남는 리노베이션을 해 보기로 했습니다. 공간 디자인이 특기였기에 그것을 발판 삼아 사회 문제를 들어다보려 한 것입니다. 하지만 경력 없이는 일을 시작할 수 없으므로 우선 제가 사는 집을 직접 리노베이션 해 보았습니다. 50㎡의 면적에 총공사비 20만 엔으로 완성한 초저가 리노베이션의 결과물이 바로 <메디칼라 하우스>입니다[그림 1]. 친구의 손을 빌려가며 모두 DIY로 만들었습니다. 바닥에는 홈센터에서 산 목재를 여러가지 색깔로 오일 도장해 깔았습니다. 이 프로젝트 덕분에 언론 매체에도 출연했습니다.

저를 가장 널리 알린 프로젝트는 2012년, 도쿄 구라마에 지역에서 진행한 <뉘 호스텔 & 바 라운지>였습니다[그림 2]. 클라이언트로부터 의뢰를 받아 리노베이션을 진행한 첫 번째 프로젝트였습니다. 1,000㎡ 빌딩 한 동 전체의 공사로, '이 기회를 놓치면 디자이너로서의 내 인생은 끝이다'라는 각오로 임했습니다. 저는 현장에서 깐깐하게 감독했는데 당시 함께한 목수들이 "그런 현장, 두 번은 못 할 것 같아요" 하고 입을 모아 말할 정도로 에너지 소모가 엄청났습니다. 저희끼리는 '재즈 같은 현장이었다'라고 회고합니다. 다른 사람이 작업하는 모습이나 그 자리에 있는 재료를 보고 즉흥적으로 만들어 낼 수 있는 것을 생각했습니다. 실력 이상의 공간을 만들어야 한다는 압박감과 의뢰인의 기대에 부응하겠다는 집념이 잘 조화를 이루었다고 생각합니다.

이후 일명 '리비 센터'로 방향을 정한 것도 이때 만난 목수들의 영향이 큽니다. 제가 프로젝트의 디자이너로 이름이 올라가 있기는 하지만 라운지는 상세 도면 없이 목수들이 자유롭게 결정한 부분도 많습니다. 언론에서는 주로 디자이너나 설계자에게만 스포트라이트를 비추고 현장의 기술자들에게는 그다지 관심을 주지 않습니다. 하지만 기술자들은 직접 디자인하고, 재료를 구하고, 만드는 것까지 다 합니다. 디자인만 잘하는 것은 전혀 장점이 되지 않습니다. 이 경험을 통해 저는 내 디자인을 직접 현장에서 손을 움직여 가며 구현하는 사람이 되어야겠다고 생각했습니다.

2014년부터는 아내와 함께 '메디칼라(medicala)'라고 하는 유닛을 결성해 활동하기 시작했습니다. 북쪽으로는 미야기현 게센누마시부터 남쪽으로는 오이타현 다케타시까지, 전국 이곳저곳을 수개월마다 옮겨 다니며 현지에서 재료를 조달하고, 현지에서 만난 기술자들이나 각지에서 모인 작업자들과 함께 공사를 해 나갔습니다.

현재는 10건 정도의 프로젝트를 동시에 설계하고 있지만 당시에는 현장에서 먹고 자고 했기 때문에 한 번에 한 건의 프로젝트만 수행했습니다. 이러한 작업 방식을 선택한 이유는 좋은 공간을 만들려면 현장에서 도면을 그리고, 의뢰인과도 이야기를 많이 나누고, 현장 구석구석까지 신경 써 가며 그 프로젝트에 온 힘을 다 쏟아부어야 한다고 생각했기 때문입니다. 2016년, 나가노현 마쓰모토시에서 <시오리비>라는 북 카페 공사를 끝낸 뒤 저희는 나가노현 스와시에 '리빌딩 센터 재팬(ReBuilding Center JAPAN)'이라는 자원 재이용 회사를 설립했습니다.

해체된 집에서 자재를 구출하다

현재 일본이 직면한 사회 문제는 인구 감소입니다. 인구 감소로 전국 주택의 13~14%에 달하는 빈집이 발생했고 현재 하나둘씩 해체되고 있습니다. 해체 작업에서 나오는 폐자재 대부분은 재자원화되고 있지만 거의 다 칩으로 만들어 합판을 생산하거나 바이오매스 연료로 사용되며 건축 자재로 재이용 되는 비율은 낮습니다.

그림 3. 해체 공사 중인 빈집   그림 4. 자재를 구출하는 모습

리빌딩 센터 재팬에서는 해체된 집에서 나온 자재나 물건을 매입해 매장에서 판매하고 있습니다[그림 3, 그림 4]. 이 일련의 활동을 저희는 '구출'이라고 부릅니다. '구출'에는 폐자재를 사들이는 것뿐만 아니라 매장에 말끔하게 진열하고 가격표를 붙여 다음 주인에게 잘 인계하는 행위까지 포함됩니다. 전체의 95% 이상은 집주인에게 직접 의뢰를 받고 구출합니다. 홍보는 한 번도 한 적이 없지만 언론에 노출될 기회가 많았고 방송을 보신 분들이 저희의 이야기를 주변 지인에게 전하면서 알려지게 되었습니다. 집을 정리하고자 하시는 분들은 대부분 60세 이상으로, SNS를 그다지 사용하지 않는 세대이기 때문에 입소문이 주효했습니다. 의뢰인의 과반수가 입소문을 듣고 연락하신 분들로, 각 구출 작업을 통해 의뢰인이 느꼈던 만족감이 다음 의뢰로 이어지는 것이 아닐까 생각합니다.

리빌딩 센터 재팬은 매장이 있는 사업장이기 때문에 영업시간 중이라면 방문이 가능합니다. 매월 열리는 워크숍에 참

그림 5. 리빌딩 센터 재팬 매장 3층 모습   그림 6. 재이용 자재 매장 모습

가하면 건축 자재를 어떻게 재이용하는지도 배울 수 있습니다[그림 5, 그림 6]. 아울러 원하는 분에 한해 실제 작업에 참여하는 서포터즈 제도도 운영하고 있습니다. 재이용 대상인 건축 자재·도구를 깨끗하게 다듬는 작업, 못 제거 작업, 매장 정비, 구출 작업 등 업무 전반을 다양하게 체험할 수 있도록 프로그램을 구성했습니다.

현장에서 힘을 얻다

리빌딩 센터 재팬의 창립 배경에는 미국 오리건주 포틀랜드에 있는 NPO 법인 리빌딩 센터가 있습니다. 이곳의 목표는 커뮤니티 강화와 지역 자원의 순환이며 이 활동을 통해 빈곤층의 취업을 지원합니다. 저희는 일본의 사회 문제를 해결하기 위해 시작한 일이니 출발점이 서로 다르긴 하지만 빈집을 해체할 때 나오는 건축 자재를 필요한 사람들이 재이용하도록 함으로써 폐기물을 줄이고, 숲을 지키고, 기후 변화에 긍정적인 영향을 주리라 기대하고 있습니다.

그림 7. 구출 번호   그림 8. 구출 기록 카드

   실제로 구출 작업을 해 보니 다른 효과도 있었습니다. 현장에 나가면 의뢰인들이 "의뢰하길 잘했다", "마음이 가벼워졌다"라는 말씀을 많이 하십니다. 선조 대대로 살아 온 집이나 자신들이 고생해 가며 지은 집을 자진해서 무너뜨리고 싶어 하는 사람은 아무도 없습니다. 이들은 이런저런 사정으로 집은 해체하게 되었지만 필요한 사람들이 자재라도 재이용해 주었으면 하는 마음으로 의뢰합니다. 자재가 재이용될 수 있도록 해 줘서 고맙다는 말씀은 저희에게 힘이 됩니다. 저희 역시 손님들에게 의뢰인의 마음을 전하고자 자재나 도구 하나하나에 '구출 번호'[그림 7]를 부여합니다. 구출 번호는 '이 자재·도구는 어떤 집에서 나왔고 그 집은 어떤 집이며 어떤 사람들이 살았는지'가 적혀 있는 '구출 기록 카드'[그림 8]와 짝을 이루어 비치되며 손님이 물건에 담긴 서사를 알 수 있습니다.

해체된 집에서 나온 자재·도구의 문화를 전파하다

저희는 차로 1시간 이내에 갈 수 있는 곳으로 구출 대상 지역을 잠정적으로 정해 두고 있으며 지금까지의 구출 건수는 약

2,500건으로, 매월 30~40건 정도의 작업을 하고 있습니다. 하지만 일본에서는 매년 8만 5천 채의 빈집이 해체되고 있고 이때 나오는 산업폐기물의 양은 138만 5천 톤에 달합니다. 이에 비하면 저희의 작업 건수는 0.0043%에 불과한 극히 적은 양입니다. 지금보다 100배 더 규모를 늘려도 전체의 1%도 채 되지 않죠. 저희가 운영하는 재이용 자재 매장은 약 150㎡, 도구 매장은 500㎡ 정도의 규모로, 재이용 자재를 판매하는 곳치고는 무척 작습니다. 따라서 재생 자재를 판매하는 자재상이면서 동시에 고부가가치의 제품을 만들 필요가 있습니다. 구출해 온 자원을 활용해 새로운 부가가치를 창출하는 6차 산업으로 연결해, 수익과 지출의 균형을 찾기 위한 다양한 방법을 모색하고 있습니다.

저희의 목표는 재이용 자원을 파는 거대한 회사가 되는 것이 아닙니다. 노하우를 공유하며 많은 분이 재이용 자재 매장을 운영할 수 있는 환경을 만들고자 합니다. 실제로 지금 '리비 센터 같은 가게 만들기 학교'를 운영하고 있습니다. 2박 3일간 합숙하며 리비 센터의 노하우를 아낌없이 전수해 드립니다. 교육이 끝난 뒤에는 온라인 커뮤니티 '로컬 리유즈 컬렉티브(Local Reuse Collective)'를 통해 지속적으로 지원합니다.

리비 센터 재팬은 지금 20대부터 60대까지 20명 정도의 직원과 함께 운영하고 있습니다. '리빌드 뉴 컬처(ReBuild New Culture)'라는 슬로건 아래 "다음 세대에 물려줄 것과 문화를 발굴해 재구축하고, 즐거우면서도 건전한 삶을 살아갈

그림 9. <리비 센터 에코하우스>

수 있도록 미래를 디자인하자"라는 생각으로 일합니다. 저는 즐거우면서도 건전한 삶을 살아가고자 하는 사람이며 재이용 자재 순환은 그러한 삶을 위한 수단이라고 생각합니다.

  저희가 재이용 자재를 취급하는 이유는 노스텔지어에 빠져서가 아니라 향후 지구와 지역의 미래를 생각하기 때문입니다. 저희가 생각하는 바를 전달하고자 에너지 부하가 적은 단열 에코하우스 <리비 센터 에코하우스>를 리노베이션하기도 하고[그림 9] 반품당한 가구로 <MUJI 신주쿠>의 인테리어를 꾸미기도 했습니다. 그 밖에도 재이용 자재의 사용률이 높고 일반적인 신축 건물에도 잘 맞는 디자인 제품을 개발하는 등 다양한 활동을 실시하고 있습니다.

'딱 한 번만 만들 수 있는' 설계를 즐기다

최근 진행하고 있는 공간 디자인 세 가지를 소개해 드리고자 합니다. 첫째는 야마나시현 미나미알프스시에 있는 오므라이스 맛집 <고쿠리야>입니다[그림 10]. 이 리노베이션 프로젝트에서는 매장의 형태는 그대로 두되 기존의 카운터나 독특한 형태의 천장에 재이용 자재를 붙이거나, 의뢰인과 함께 빈집 흙벽에서 나온 흙을 회반죽과 섞어 바르기도 했습니다. 저는 기성 제품을 사용하는 일에 서툴러 건축 자재 카탈로그도 갖고 있지 않습니다. 되도록 새 자재는 사용하지 않고 어디에서 구했는지 모를 재료를 사용합니다. 하지만 왜 그 재료로 공간을 꾸몄는지는 확실하게 설명할 수 있습니다. 서사가 있으면 디자이너도 의뢰인에게 제안하기가 쉽고 의뢰인도

그림 10. <고쿠리야> 매장 모습

그림 11. <다베고토야 노라보> 현장에서 재이용 자재를 붙이는 모습

손님들에게 설명할 거리가 생기므로 그러한 점을 중요시합니다.

니시오기쿠보의 선술집 <다베고토야 노라보>에서는 매장에서 사용하던 의자의 좌석 부분을 이용해 독특한 디자인의 벽면을 만들었습니다[그림 11, 그림 12]. 그 밖에도 의자의 오염된 부분을 깨끗하게 갈아내고 다시 사용하기도 하고, 기존에 사용하던 다리를 새로운 상판에 붙여 테이블을 만들기도 했습니다. 새로운 공간을 만들어 가는 한편 단골 손님이 가게의 옛 모습을 추억할 수 있는 디자인을 고안했습니다.

마찬가지로 니시오기쿠보에 자리한 북 카페 <후즈쿠에(fuzkue)>에는 대화 금지라는 규칙이 있습니다[그림 13]. 독서에 최적화된 카페지요. 이 프로젝트에서는 의뢰인이 원하

그림 12. <다베고토야 노라보>

그림 13. <후즈쿠에>

는 브랜드의 의자를 사고 벽면에 재활용 건축 자재를 사용하기도 했지만 이것 말고는 빈집에서 가져온 재이용 자재를 붙이고, 미장을 하고, 직접 창호나 가구를 만들고, 플리마켓에서 사 온 가구를 사용했습니다.

이들 현장은 제일 먼저 소개했던 <뉘 호스텔 & 바 라운지>와 마찬가지로 두 번은 만들 수 없는 공간입니다. 그 시점에 구할 수 있는 자재나 재료, 가구나 조명 기구가 기적적으로 딱 맞아떨어져 완성된 것입니다. 현장의 모든 사람이 "열심히 하는 현장에는 좋은 분위기가 감돌지" 하고 긍정하며 공간을 꾸며가고 있습니다.

재료는 제품 카탈로그에서 고르는 것이 아닙니다. 없으면 조합해 만들어 내면 그만이고 재료의 본질만 이해하고 있다면 폭을 넓힐 수도 있습니다. 예를 들어 시판 중인 회반죽에는 여러 종류가 있는데 성분은 소석회, 여물(균열 방지), 해초(접착제)입니다. 바탕 재료에 들러붙는 원리를 알면 여물에 짚이나 커피 찌꺼기 등과 같은 다른 재료의 배합 비율을 어느 정도까지 올릴 수 있는지 알 수 있습니다. 사물의 원리를 이해하고 상상할 수만 있다면 아이디어가 생겼을 때 여러 가지 방법으로 표현할 수 있습니다. 그게 바로 재미죠. "이 공간을 위해 이만큼 고민해서 만들었어요"라고 했을 때 고마워하지 않는 사람은 없고 또 그렇게 고마워하는 모습을 보는 것이 즐거워서 지금도 활동하고 있습니다.

스와 지역을 거점으로

앞으로는 가급적 스와 지역에서 할 수 있는 일을 늘려갈 생각입니다. 지금까지는 일본 전역을 떠돌며 설계했기 때문에 온 힘을 다해서 완성한 매장이 있어도 갈 수 없어 아쉬웠습니다. 멋진 가게가 지어졌고 사장님도 훌륭하고 맛있는 음식을 먹을 수 있는데 자주 가지 못하다니 너무 안타깝지요.

하지만 리비 센터 재팬을 개업한 지 5년이 지나고 도시에서 스와 지역으로 이주해 오는 사람도 늘면서 도보 5분 거리에 저희가 설계한 가게가 몇 군데나 생겼고, 덕분에 "우리가 직접 완성한 가게가 가까이 있다는 건 정말 좋은 일이구나!" 하고 깨닫게 되었습니다. 그리고 그 사이 아이가 태어나 출장을 줄이고 집에 있는 시간을 더 늘리고 싶기도 하고요.

최근에는 이 지역 부동산 회사 및 스와신용금고와 공동 출자로 '스와 지역 리노베이션 회사'라는 마을조성 회사를 설립했습니다. 첫 번째 프로젝트로 네 집이 붙어 있는 옛 공동 주택을 리노베이션한 복합 시설 <포타리>를 2023년 10월에 오픈했습니다. 2024년에는 온천이 딸린 셰어하우스 겸 마이크로 호텔이 오픈할 예정이고 앞으로도 해당 지역에 상점이 계속 늘어나리라고 예상됩니다.

지역 리노베이션은 하드웨어적인 측면은 물론 소프트웨어적인 측면에서도 널리 퍼져 나가고 있습니다. 지역 내 공유 텀블러인 '블라블라 텀블러'를 발명해 마을 걷기를 활성화하고 리비 센터 주차장에서는 '빙글빙글 바자'라는 마르셰를 열어 지역의 자원 순환을 촉진하고 있습니다.

저희들의 활동에 행정기관도 동참하게 되었습니다. 2022년, '가미스와역 주변 시가지 미래 비전'이 계획되었고 이 비전을 실행할 공공·민간 협동 지역 플랫폼의 핵심 멤버에 제가 포함되었습니다. 공공기관과 민간 기업이 한마음으로 리노베이션 사업을 진행해 걷기 좋은 마을을 만들어 가기로 의기투합한 것이죠.

전문가의 손길로
다시 태어난 폐기물

"저는 1983년 시즈오카에서 태어났습니다. 대학에서는 고고학을 전공했습니다. 옛사람들의 삶에 관심이 있었거든요. 박물학이나 인간의 흔적을 추적하는 일이 재미있었습니다. 옛사람들이 남긴 것 그리고 사라진 것들에 골몰했습니다. 예를 들어 '지금 여기 있는 이 컵에는 왜 세로줄이 있을까', '이 세로줄은 맨 처음 누가 고안했을까' 하는 것들을 늘 궁금해하는 사람이었습니다."

08

MAKER 히토스기 이오리

옛집 재생 사업에 몸담았던 히토스기 이오리는 '기술만으로는 아무것도 남지 않는다'라는 깨달음을 얻은 뒤, 도쿄 R 부동산으로 이직했다. 그리고 다시, 이용자 스스로 집 짓는 활동 지원하는 '툴박스(toolbox)'로 직장을 옮겼다. 리노베이션의 최일선에서 활약해 온 그는 휴일이 되면 폐기물을 이용한 또 다른 놀이를 시작한다. '직접 만들어 보고 싶다', '만드는 행위 자체가 목적이 될 수는 없을까', '폐기물은 건축과 대척점의 존재인가' 하는 생각들의 답을 구하기 위해 폐기물로 공간을 창작하는 건축가 집단 '데드스톡 시공사무소'를 열고 진지하게 폐기물을 탐구하고 있다.

대학에서 유구 조사를 나갈 때, 기둥의 흔적을 통해 건축물의 규모를 추정하기 위해 건축가를 초청하는 경우가 있습니다. 저는 그때 처음으로 건축의 세계를 접했고 흥미를 느꼈습니다. 특히 목조 건축에 매료되었는데, 목조 건축물 복원 일을 해 보고자 대학 졸업 후 교토에 있는 전문학교에 재입학해 2년 동안 교토에서 공부했습니다. 전문학교에 다니던 시절에는 졸업한 선배네 상가 주택을 리노베이션하는 현장에 가서 일을 돕고, 수업을 통해 전통 건축물 현장을 견학하면서 '남긴다'라는 것의 의미를 곱씹었습니다.

졸업 후에는 현장에서 어떤 일이 일어나는지 알기 위해 지인을 통해 옛집 재생 사업 설계사무소에 들어갔습니다. 그 회사는 의뢰인에게 직접 의뢰받는 일도 많아서 직원 혼자서 설계는 물론 해체·시공까지 담당하기도 했고 옛집뿐만 아니라 신축 주택, 상가, 사무실도 지었으며, 방충망 교체, 방수 공사처럼 일부 공종만 수행하기도 했습니다. 저는 무슨 일이든 그저 하고 싶은 마음에 뭐든 시켜달라고 이야기했고 덕분에 4년간, 1년에 대략 100건 가까운 공사를 맡아 닥치는 대로 일했습니다.

일을 해 나가는 사이 무언가 석연치 않다는 생각이 들었습니다. 지금껏 목조 건축물 수리를 업으로 삼고 싶다고 생각해 왔는데, 짓기만 해서는 건축물을 남길 수 없다는 사실을 깨달은 것입니다. 대신 부동산이나 부동산 운영에 관심이 생겼습니다. 기술만 있어서는 남는 것이 없고 의뢰인과 온도 차가 있는 경우도 있으며, 애초에 건축가가 건축을 좋아하지 않을 수도 있습니다. 열심히 지었는데 의뢰인의 반응이 시큰둥하거나 누구를 위해 집을 짓고 있는지 모르겠다 싶은 상황도 있습니다. 다들 열심히 하지만 의뢰인을 비롯한 모두가 피폐해지고 말 때도 있지요. 이처럼 거대한 주택 산업이라는 벽 앞에서 개별 프로젝트의 한계를 실감했던 것입니다.

건축이든 부동산이든, 이용자든 전문가든 더 자연스럽고 합리적으로 집을 지으려면 어떻게 해야 하는지 고민하던 중 도쿄 R 부동산에 합류하게 되었습니다. 2010년 무렵이네요. 도쿄 R 부동산은 수치화할 수 없는 부동산의 개성을 중요시해서, 지하철역까지의 소요 시간, 면적 등과 같은 정량적인 방식으로 공간을 평가하기보다 정서적 가치에 주목해 공간을 소개하고 중개하는 부동산 웹사이트입니다. 강과 가까운 집, 창고 같은 집 등 부동산이 지닌 개성을 위주로 정보를 제공합니다. 도쿄 R 부동산에서 저는 빈집 재생 사업이나 임대 주택, 개인 주택의 리노베이션 업무를 담당했습니다. 부동산 회사지만 부동산 영업이 아니라 건축 분야에서 임대 주택, 개인 주택 리노베이션 등을 한 것이지요.

이용자를 집 짓기의 주역으로 - toolbox

도쿄 R 부동산에서 일하며 이용자의 집 선택 폭은 넓힐 수 있었지만 그들이 직접 집을 짓는 데 도울 수는 없었습니다. 집을 짓는 과정은 공급자의 전문성에 가려져 이용자가 쉽게 접근할 수 없는 상황이지요. 저는 집을 짓는 일의 리소스를 조금 더 오픈해서 이용자가 집 짓기의 주역으로서 적극적으로 나설 수 있는 방법을 고민했습니다. 이러한 콘셉트를 바탕으로 론칭한 것이 바로 스스로 자신의 공간을 편집할 수 있는 도구 상자 같은 인테리어 플랫폼 '툴박스(toolbox)'입니다[그림1].

툴박스에서 저는 건축 자재의 개발과 리노베이션 설계 시공을 담당합니다. 이때 건축 자재란 리노베이션이나 신축 건물을 지을 때 DIY 제작자부터 전문가까지 두루 사용할 수 있는 인테리어 건축 자재를 뜻합니다. 바닥 자재나 창호, 페인트나 금속제 부품 등을 취급하지요. 아울러 전체 리노베이션, 부분 리노베이션, 기술자 현장 파견 시공 서비스 패키지도 개발·판매합니다. 그 밖에도 공간을 꾸미는 아이디어나 노하우를 제공하는 콘텐츠, 실제로 체험하고 전문가의 상담을 받을 수 있는 쇼룸 공간을 갖추어 이용자가 자신의 공간을 스스로

그림 1. '공간을 편집하는 도구 상자'라는 콘셉트로 인테리어 건축 자재나 공사 서비스를 개발, 판매한다.

만들 수 있도록 돕습니다. 제 대외적 직장인 툴박스에서는 이용자가 자신의 공간을 직접 만드는 환경을 조성한다고 할 수 있습니다.

'만들기'를 목적으로 하다 – 데드스톡 시공사무소

이제 본론으로 들어가서 '데드스톡 시공사무소'의 이야기를 해 보겠습니다. 툴박스에서 이용자를 위해 일하는 동안 저 역시 무언가 만들고 싶어졌습니다. 일로 건축물을 짓는 것이 아니라 나를 위해 건축물을 지으면 과연 어디까지 가능할지 도전해 보고 싶었던 거겠지요. 일이라는 굴레에서 해방되어 제작자가 되면 어떤 결과물이 나올지도 궁금했습니다. 저와 같은 생각을 하는 전문가들이 분명 많을 거라 생각하고 전문가를 위한 공작 환경을 조성하는 일을 고민했습니다.

중요시 여긴 것 중 첫 번째는 '만들기를 목적으로 하기'였습니다. 일할 때의 만들기는 수단에 불과하지만 만들기 자체를 목적에 두면 무엇이 탄생할지 궁금했습니다. 일에서는 한정된 공사 기간, 정해진 금액 안에서 계획을 우선해 가며 건물을 짓지만 계획 없이 무작정 손을 움직여 생각과 제작을 반복하다 보면 예기치 않은 것들이 탄생하지 않을까 싶더군요[그림 2].

두 번째 주안점은 '폐기물로 만들기'였습니다. 폐기물로 만든 건축물은 시공 사례가 없고 시방서도, 보증도 없으며 자재 입수 방법도 정해진 바가 없습니다. 이처럼 일반 건축 시공의 틀을 벗어났을 때 나오는 흥미진진한 아이디어와 번뜩이는 창의성에 기대를 건 것이지요.

세 번째는 '시공사무소 세션'입니다. 저처럼 만드는 일을 더욱 즐기고 싶어 하고 도전하고자 하는 사람들을 만나 그 수

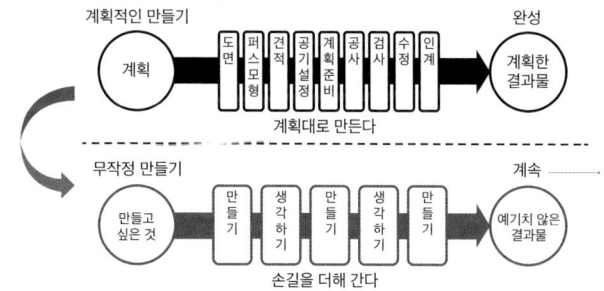

그림 2. 건축의 목적과 업무 흐름을 바꾸어 보기

를 늘려 나가고 싶었습니다. 시공사무소, 다시 말해 전문가들이 모여 노는 곳이 있으면 어떤 일이 일어나는지 보고 싶었습니다. 그렇게 건축 모임 데드스톡 시공사무소가 탄생했습니다.

마치 동네 야구하듯

데드스톡 시공사무소는 회사가 아니라 주말 동네 야구 모임과 비슷합니다. 이런 활동에 관심을 가져준 핵심 멤버들이 각지에 있어서 "여기서 폐기물 나왔더라!" 하면 일본 전역에서 모여듭니다. 폐기물로 놀기에 진심인 건축가 아저씨들의 모임이랄까요.

저희의 활동에는 세 가지 원칙이 있습니다. 첫째는 '일하지 않는다'입니다. 일이라고 생각하면 다들 너무 진지해지기 때문이지요. 둘째, 폐기물을 활용하는 게 핵심이므로 누구에게 제작을 발주하지도, 자재를 사지도 않습니다. 셋째, 활동은 강제성이나 지시 체계 없이 각자의 동기에 따라 자율적으로 참가해야 합니다. 기본적으로 다들 본업이 있으니까 주말에만 활동합니다. 부른 사람도 없는데 마음대로 찾아가서 프로젝트랍시고 뭘 만들기도 합니다[그림 3].

활동 과정을 구체적으로 살펴보면 일단은 폐기물을 줍습니다. 다들 폐기물이 있는 장소를 못 지나치는 습성이 있어 어디에 가면 주울 수 있는지 알고 있습니다. 이렇게 재료를 현지 조달하는 셈이지요. 다음에는 주운 폐기물을 '정성

폐기물을 줍는다

폐기물을 정성스레 손질한다

폐기물을 늘어놓는다

다 같이 만든다

그림 3. 데드스톡 시공사무소의 활동 모습

스레 손질'합니다. 주워 온 폐기물 자랑에서 시작해 "오, 좋은데?", "역시 제법이네!" 하고 칭찬도 해 가며 재료를 잘 다듬습니다. 이 과정이 제작에 드는 전체 시간의 80%를 차지할 때도 있습니다. 이제 폐기물을 늘어놓습니다. 늘어놓으면 비로소 뭔가 만들어질 것 같은 느낌이 듭니다. "그거 쓸 거야?", "내 건데", "나중에 쓸 건데"하는 대화가 오고 갑니다. 저희에게 폐기물은 쓸모없는 물건이 아니라 원료의 일종입니다. 그런 다음 폐기물을 사용해 다 같이 만들기에 돌입합니다. 여기서 '다 같이'란 의뢰인이나 요청을 해 온 사람, 지역에서 모인 사람, 어쩌다 알게 된 사람 등 그곳에 있는 모두를 의미합니다. 그렇게 해서 무언가 만들어지면 같이 한잔합니다. 어쩌면 '건배' 대신 "산폐(산업 폐기물)!" 하고 잔을 부딪치고 싶어서 만드는 자리인지도 모르겠습니다. 작업을 하며 부족했던 점을 돌아보고 오랜만에 만난 동료들과 회포를 풉니다. 다들 본업이 있다 보니 프로젝트는 대개 3일 이내로 끝내고 각자의 자리로 돌아갑니다.

즉흥적인 창작물이 주는 희열

데드스톡 시공사무소에서 수행한 프로젝트를 소개합니다.

먼저 공유 오피스 <스타 랩 도쿄(Star Lab. Tokyo)> 인테리어 프로젝트로, '상상력을 자극하는 공간'을 만들어 달라는 의뢰였습니다. '일하지 않는다'가 원칙인데 첫 번째 프로젝트가 기업에서 들어온 의뢰네요. 폐기물을 사용한다는 사실에 허락을 구한 다음 산업폐기물 중간 처리 업체를 찾아가 밤낮으로 소재를 모았습니다. 은색 계열 금속만 모으기도 하고 각종 기구의 뚜껑을 뒤집어 붙이기도 했습니다. 여러 장치를 부품별로 분류해 병에 담고, 해체한 스터드를 조명 기구로 활용하는가 하면, 배전반 두 개를 붙여놓고 그 위에 수지를 덮어 굳혀서 테이블 상판으로 썼습니다. 결과적으로 지금껏 본 적 없는 새로운 공간이 탄생했습니다[그림 4].

<굿 라이프 메이커 8(Good Life Maker 8)>은 가고시마에서 시공사무소를 운영하는 회원의 사무실입니다. "역 앞에 있는 오래된 상가를 빌려 사무실을 꾸미고 싶은데 이왕이면 지역 주민들에게도 개방된 공간으로 만들고 싶으니 다들 어

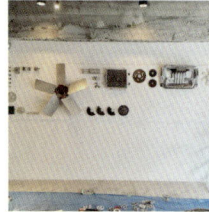

그림 4. 폐기물을 아름답게 전시하기 위한 스터디. 주워서 붙이고 두들겨서 붙이는 일의 반복이다. 폐기물을 예술로 승화한 새로운 공간이 완성되었다.

지럽히러 와"라고 하더군요. 각자 아끼는 폐기물을 가져가 품평회를 하는 것으로 일을 시작했습니다. 저는 한때 철물점을 차려 볼까 하는 생각으로 철물을 모은 적도 있었는데, 모아 둔 철물을 늘어놓고 그 위에 수지를 부어 폐기물 보석함 같은 상판을 만들었습니다[그림 5]. 기본적으로는 왁자지껄한 모임이지만 다들 전문가다 보니 작업에 집중하는 순간에

그림 5. 카운터 상판에 모아 둔 철물을 가지런히 늘어놓고 수지를 부었다.

그림 6. <숲, 길, 시장>(2018)

는 누가 지시하지 않아도 묵묵히 자신의 할 일을 해 나갑니다. 결과적으로 1층에는 매일 다른 음식을 내는 식당과 DIY 부품 숍이, 2층에는 쇼룸이 만들어져서 찾는 사람이 많은 근사한 장소로 탈바꿈했습니다.

이어 아이치현 가마고리시의 어느 페스티벌에서 해변 지역의 흥을 돋워 달라는 의뢰를 받고 <숲, 길, 시장>(2018)이라는 조형물을 만들었습니다. 폐기물로 뗏목을 만들기 위해 얻어 온 대나무로 망루를 세우고 물에 뜰 수 있도록 드럼통으로 토대를 만들었습니다. 완성된 결과물은 위 사진과 같습니다. 그러자 엄청난 인파가 모여 인스타그램 명소가 되었습니다. 모여 든 사람들과 함께 힘을 모아 바다까지 끌고 간 다음 정말로 바다에 띄웠습니다. 당시 터져 나온 열광에 무척 감동

그림 7. 순식간에 사람이 모여 다 같이 바다로 끌고 나갔다.

을 받았습니다[그림 7].

    <리턴 오브 더 오시(RETURN OF THE OSSIE)>는 유목으로 만든 신입니다. 가고시마현 가노야시 시청 측으로부터 2016년 있었던 태풍의 영향으로 4년 동안 개최하지 않았던 불꽃놀이 축제의 재개에 맞춰 상징물을 만들어 달라는 연락을 받았습니다. 저수지에 유목이 가득 차 댐의 기능을 못 하게 되었다가 어느 정도 정리가 된 상태였습니다. 현지를 방문했을 때 번뜩 '호수의 주인을 만들고 싶다'라는 생각이 들었습니다. 호수에 있는 유목을 인력으로 모아 하루 만에 골격을 완성하고 2일 차에는 부근에 자생하는 야자나무의 잎과 주워 온 금속 판재를 붙여 이틀 만에 오스미 호수의 주인 <오시>를 완성했습니다[그림 8, 그림 9]. 이렇게 수준 높은 작품

그림 8. 인공 호수 위 유목으로 만든 용

그림 9. 신을 만들어낸 황송한 순간을 기념하기 위해 회원들끼리 한 컷

이 만들어질 거라고는 생각하지 못했습니다. 아래턱의 유목이 딱 맞아 들어가는 순간, 전율이 이는 듯한 감동을 받았습니다. 호숫가에서 두 번이고 세 번이고 돌아보는 사람도 있었고

그림 10. 베트남에서도 자재는 현지 조달! 엄청난 폐기물 산을 뒤져 소재를 모은다.

그림 11. 근처 폐품 가게에서 폐기물의 가격을 협상하는 모습

어느 연극부 고등학생은 포스터 사진을 찍으러 오기도 했으며 "용이다!" 하고 반겨주는 아이도 있었습니다. 처음에 의뢰받았을 때 '아이들에게 추억을 선사할 수 있으면 좋겠다'라고 하셨기에 그에 부응하는 작품이 된 것 같아 정말 기뻤습니다.

마지막으로 코로나19가 대유행하던 시기, 베트남 다낭에 만든 사무실을 소개합니다. 베트남에서 파는 물건들은 죄다 데드스톡(불량 재고)처럼 보여서 소재의 보물창고처럼 느껴졌습니다. 일본에서 '데드스톡'을 운운하는 것이 부끄러울 정도였습니다. 새 제품인지, 재생 제품인지, 망가진 물건인지, 파는 물건인지 헷갈릴 정도였습니다. 오토바이를 타고 한없이 원료를 찾아 돌아다니며 사무실을 만들어 나갔습니다[그림 10, 그림 11].

지금껏 말씀드린 방식으로 저는 데드스톡 시공사무소 활동을 이어 가고 있습니다. 제 나름대로는 일종의 사회적 실험이지요. 폐기물을 제재로 사용하면 누구도 예상하지 못했던, 새로운 결과물이 탄생합니다. 이건 확실하게 말씀드릴 수 있어요. 계획할 수 없는 만큼 충격적인 것이 완성됩니다. 반면 똑같은 것은 두 번 다시 만들 수 없죠.

아울러 만드는 사람의 입장에서는 무척이나 까다로운 작업입니다. 시간도 비용도 자원도 한정된 상황에서 현지에 있는 재료만을 이용해 엄청난 작품을 만들 거라는 기대를 한 몸에 받으니까요. 물론 그래서 결과물이 만족스럽지 못할 때도 있습니다. 그런 점에서 의뢰인이 가장 리스크가 크다고 할 수 있겠네요. 따라서 저희는 의뢰인도 함께 참여할 수 있도록 합니다.

버려진 것에 흥미를 느끼는 사람은 꽤 많으므로 폐기물을 이용한다는 것을 알린다면 아마 많은 사람이 모일 겁니다. 저도 동료가 많이 늘었습니다. 그리고 무엇보다 폐기물로 새로운 것을 창작하는 일은 큰 감동을 줍니다. 어느 순간 진지한 마음으로 임하게 되고 작품이 완성된 순간에는 커다란 감동이 밀려옵니다.

제가 하는 활동 내용을 정리해 보면, 먼저 대외적인 직장인 툴박스에서는 이용자가 스스로 만들 수 있는 환경을 조성합니다. 개인적인 활동인 데드스톡 시공사무소에서는 전문가를 위한 창작 환경을 조성합니다. 언젠가 데드스톡 시공사무소 회원들과 함께 폐기물 놀이공원 '일본 처리장 스튜디오(Disposal Studio Japan)'를 만들 겁니다. 말하자면 일본 전역의 폐기물이 모이는 최종 처분장인데요. 마음껏 필요한 폐기물을 줍고 원하는 것을 만들 수 있는 꿈의 세상입니다. 건축가나 창작자, 만드는 것을 좋아하는 외국 사람들과도 '자유로운 창작'이라는 공통 분모를 바탕으로 교류할 수 있었으면 좋겠습니다.

가업인 도예와 설계를 조합하다

"저는 아이치현 도코나메시에서 설계사무소와 함께 '미즈노도예원 랩'을 운영하고 있습니다. 도코나메는 도자기 공장이나 굴뚝이 많은 도시입니다. 도자기로 만든 길도 있고 언덕길 옹벽을 토관으로 만든 곳도 있습니다. 학창 시절에는 나고 자란 도코나메를 떠나 교토에서 건축을 공부했습니다."

09

MAKER 미즈노 후토시

도자기로 유명한 도시 도코나메에서 가업인 타일 공장을 물려받은 미즈노 후토시는 다른 설계사무소에서 의뢰받은 타일을 제작하고, 자기 작품 제작을 위해서도 타일을 굽는다. 대학을 2년간 휴학한 뒤 할머니 소유의 땅에 직접 설계·감리를 맡아 옛 공동 주택 형식의 집합 주택을 지으면서 지역에 애정을 갖게 되었고, 직접 손을 움직이는 일을 고집하게 된 것도 이 무렵부터.
도코나메시 시청에서 미즈노 후토시의 신념이 담긴 대표작을 볼 수 있다.

교토공예섬유대학 3학년 학교 축제 때 가설 카페를 만들었습니다. 당시 제가 속했던 미술 동아리의 회원 대부분은 건축학과 아니면 디자인학과 학생이었기 때문에 다 같이 의견을 주고받으며 직접 설계부터 시공까지 완료했습니다. 교토 시내 미술관에서 사용하지 않는 전시용 패널을 얻어 와 철근 콘

그림 1. 학교 축제 때 만든 가설 카페

크리트조의 동아리 방 안에 하얀 박스를 구성해 넣었죠. 손님이 들어가는 하얀 박스와 철근 콘크리트 골조 사이의 좁은 틈이 스태프의 업무 공간으로, 빨간색으로 꾸몄습니다. 흰색 공간에는 바닥에서 튀어나와 있는 통에 쟁반을 놓으면 테이블이 되도록 했고요. 서로 부딪혀 가며 매장을 만들어 겨우 3일뿐이긴 했지만 영업을 했고 영업을 통해 벌어들인 돈으로 공사비를 충당했습니다. 즐거웠던 그때가 지금도 제 마음속에 첫 체험으로 남아 있습니다.

휴학 후 도코나메에서 건축가로 한 발을 내딛다
4학년으로 진학하기 직전, 학교를 2년 휴학하고 할머니가 소유하시던 땅에 지을 <혼마치 테라스하우스>라는 집합 주택을 설계했습니다. 2005년 도코나메시에 주부국제공항이 문 열기 얼마 전의 일입니다. 당시는 개발 사업자가 빈 땅의 주인을 설득해 어디에서나 볼 수 있을 법한 임대 주택을 잔뜩 짓던 시절이었는데 저희 할머니 소유의 땅에서도 똑같은 일이 일어나고 있었어요. 건축학과 학생으로서 용인할 수 없는 일이었기에 친척에게 부디 제가 설계할 수 있게 해 달라고 사정했습니다. 친척은 극렬히 반대했지만 결국 저는 2년간 대학을 휴학하고 인턴 신분으로 나고야에 있는 설계사무소에서 실무를 익히면서 설계를 진행하고 사업 계획을 세웠으며, 은행 융자를 받는 일까지 담당했습니다. 융자 받기가 쉽지 않았는데 농협에서 겨우 승인을 받아 사업을 진행할 수 있게 되

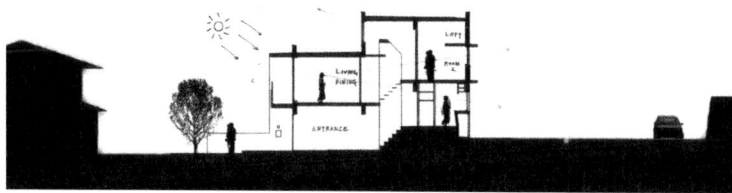

그림 2. <혼마치 테라스하우스> 단면 스케치

었습니다.

 지방에서는 거대한 주차장을 갖춘 큰 임대 집합 주택이 주택가 한가운데 생뚱맞게 자리하고 있는 모습을 자주 볼 수 있습니다. 하지만 이는 오랜 세월 그 자리를 지켜온 마을에는 폭력적인 계획으로, 기존 주민들과 새로 입주해 온 주민들의 커뮤니케이션에도 그다지 좋은 방법이 아닙니다. 다른 방법을 모색하던 저는 철근 콘크리트조의 옛 공동 주택 방식을 떠올렸습니다.

 덧붙여 지방에서는 성인 한 사람당 자동차 1대만큼의 주차장이 필요하므로 남북 방향으로 주차장을 계획했습니다. 부지의 높이차를 활용해 바닥면의 높낮이를 달리한 스킵 플로어로 구성하고 최상층에는 옥상 테라스를 만들었습니다[그림 2]. 창문을 통해 여러 각도에서 경치가 보이게끔 설계해 입주민이 자신이 사는 곳의 환경을 실감할 수 있도록 했습니다[그림 3].

 이때 할아버지가 설립하신 미즈노도예원에서 재고로 잔뜩 쌓인 벽돌을 공사할 때 사용해 달라고 요청해 왔습니다. 학창 시절에는 무기질 소재에 동경을 품고 있었기 때문에 향

그림 3. <혼마치 테라스하우스> 건축물의 분위기와 각 주택이 마을과 잘 어우러지도록 신경 썼다.

토적인 분위기를 풍기는 벽돌은 그다지 사용하고 싶지 않았습니다. 하지만 막상 사용해 보니 무척 좋았습니다. 그래서 재고로 쌓여 있던 벽돌이나 타일은 물론 목욕탕 타일, 방 번호판, 집합 주택 간판도 특수 주문해서 사용했습니다. 학교에 있을 때는 훗날 도쿄에 가서 설계사무소를 운영하고 싶다고 생각했지만 이 일을 계기로 고향인 도코나메와 가업인 미즈노도예원에서 일하게 되었습니다.

앞서 은행에서 융자를 받았다는 내용도 언급했는데요. 할머니가 연세가 많아 제가 연대 보증인이 되었습니다. 이때 7천만 엔 정도 융자를 받았는데 당시 학생이던 저에게는 실감이 나지 않을 정도로 큰 돈이었습니다. 따라서 입주민을 유치하기 위해 필사적으로 여러 가지 아이디어를 짜냈습니다. 예를 들어 분양을 위해 집을 공개할 때 친한 도예가에게서 작품을 빌려 와 집을 스타일링하고 홍보 전단지를 만들어 상점가에 배포하기도 했습니다. 덕분에 그럭저럭 입주민을 유치할 수 있었지요. 그 뒤에도 주변의 시세보다 약간 비싼 월세에도 불구하고 생각했던 것보다 높은 입주율을 유지해 사업적으로도 상당히 성공적이었다고 생각합니다.

복학, 취직 그리고 다시 도코나메로
2년 간의 휴학을 마치고 복학한 뒤에는 <혼마치 테라스하우스>의 감리 일과 함께 졸업 작품을 설계했습니다. 저는 지난 경험을 통해 설계뿐만 아니라 직접 손을 움직여 무언가를 만드는 일도 해 나가고 싶다는 생각을 갖게 되었습니다. 졸업 후에는 앞서 배운 사업 계획 노하우를 활용해 친척 소유의 빈집을 임대 주택으로 리노베이션하는 기획안을 만들어 설득했고 반년 만에 1동짜리 집을 임대 주택으로 탈바꿈시켰습니다.

그 뒤로는 남들처럼 취직하기 위해 도쿄에서 생활하며 1년 반 정도 아르바이트 삼아 설계사무소를 전전하며 살았는데 아무래도 제가 있을 곳이라는 생각이 들지 않았습니다. 불만족스러운 생활에서 오는 스트레스를 해소하고자 도코나메 지역을 대상으로 작성했던 졸업 설계를 제대로 완성해 보기로 했습니다. 그렇게 만들어진 것이 바로 <도코나메 리포트

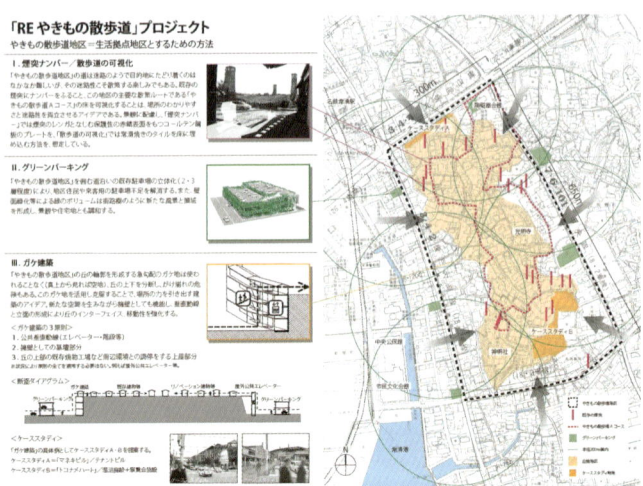

그림 4. <도코나메 리포트 2010>을 통해 제안한 도자기 산책로 지구 개선 공사안

2010>입니다. 주부국제공항 개항 이후인 2010년의 도코나메를 염두에 두고 2007년부터 2008년 사이 작성한 도시 계획안이었습니다.

실제로 집합 주택을 설계해 보고 깨달은 사실은 건물을 다 지은 다음에야 마을과 건물의 매력을 내세워서는 입주민 유치에 실패해 융자를 못 갚을 수도 있다는 것입니다. 도코나메 시가 살고 싶은 마을이 되려면 어떻게 해야 할지 고민해 도시 계획안을 작성했습니다[그림 4]. 예전의 도코나메는 기차의 종착역으로 문화가 한데 모이는 곳이었으나 주부국제공항이 생기고 기차가 그대로 통과하게 되면서 나고야의 베드타운으로 전락했습니다. 개발 사업자가 쉴 틈 없이 택지 개발을 추진하면서 도코나메의 풍경을 구성하고 있던 옛 공장이 줄

줄이 사라지고 경관 자원도 실종된 상태였습니다. 따라서 제안서에는 도코나메의 세 가지 특징적인 요소, 즉 '공항', 공항 앞에 펼쳐진 광활한 매립지 '린쿠초', 도자기 산업이 번성했던 지역을 산업 유산으로 관광지화한 '도자기 산책로 지구'를 재평가하자는 내용을 담았습니다. 도코나메역 바로 옆에 자리한 도자기 산책로 지구는 지역 주민들은 그다지 찾지 않지만 다른 지역에서 손님이 오면 관광 삼아 데려가는 곳입니다. 이 지구를 생활 거점으로 하면 유럽처럼 구시가지와 신시가지의 서로 다른 매력을 지닌 마을이 되고 이것이 상승 효과를 불러와 시 전체의 매력도가 더 올라갈 수 있다고 생각했습니다.

도자기를 통해 좋은 공간 디자인을 고안하다

도코나메는 도자기의 도시로, 도자기 공장이나 굴뚝이 풍경의 한 축을 담당합니다. 토관으로 쌓아 올린 옹벽이나 깨진 품질 미달 도기로 포장한 길처럼 주민들이 만든 물건들로 마을이 형성되어 있다는 것을 쉽게 알 수 있습니다. 저는 도코나메에 거주하며 이곳을 중심으로 설계 일을 하고 있습니다.

미즈노도예원은 제 할아버지가 1947년에 설립한 회사입니다[그림 5]. 저는 미즈노도예원 안에서 랩을 운영하고 있습니다. 도쿄에서 일하던 저는 고향 친구로부터 집 설계를 부탁받은 일을 계기로 도코나메로 돌아왔습니다. 하지만 친구 집 설계 외에는 딱히 일도 없었기 때문에 할아버지의 뒤를 이어 삼촌이 운영하는 미즈노도예원에서 도기의 가능성을 연

그림 5. 미즈노도예원 외관

그림 6. 타일 제조 모습. 창의적인 정신이 살아 숨쉰다.(ⓒHidenao Kawai)

구하는 '미즈노도예원 랩'을 세웠습니다. 랩의 주요 활동은 세 가지입니다.

첫째는 '기술의 활용'입니다. 회사에 있는 엄청난 양의 유약과 도기용 진흙 시험 샘플이나 노하우를 활용한 활동입니다. 도자기를 새로운 표현에 사용해 보거나 아티스트의 타일 작품 제작을 지원하고, 건축가의 의뢰를 받아 타일을 제작하기도 합니다[그림6, 그림 7]. 둘째는 '자재의 활용'으로, 산처럼 쌓인 투수 벽돌 재고품을 홍보하고 판매합니다. 지금은 품질을 인정해 주는 고객도 생겨서 여러 건축가들이 활용하고 계십니다. 셋째는 '공간의 활용'입니다. 미즈노도예원 안에 있는 잉여 공간을 활용하는 활동으로, 원래 탈의실로 쓰던 장소를 랩의 사무실로 수리해 사용하고 있으며 현재는 비어 있는 옛 사택의 활용 방안을 찾고 있습니다.

잠깐 시간을 500만 년 전으로 되돌려 보겠습니다. 당시 이 지역에는 도카이호라는 호수가 있었습니다. 도자기로 유명한 도코나메, 세토, 다지미 지역은 모두 이 호수의 바닥이나

그림 7. 몇 천 장이나 되는 타일에 분사할 때 팔의 부담을 줄여 주는 묘안

그림 8. 원토 보관장. 원료부터 제품까지 모두 생산한다.

연안에 자리하고 있었습니다. 강 상류 바위나 돌 등이 침식되며 만들어진 가루가 물과 함께 이 지역에 흘러들어와 퇴적되었는데 이것이 현재 도기용 진흙으로 사용되고 있습니다. 저는 평소 점토를 다룰 때 이 재료는 인간이 이 땅에 살기 훨씬 전부터 있었겠구나 하고 거시적인 시간의 스케일을 느낍니다. 한편 유약은 분자 수준의 화학 반응을 통해 만들어지는 물질이므로 거시적인 시간과 함께 미시적인 세계를 상상하며 매일 작업하고 있습니다.

미즈노도예원에서는 다른 제조업체를 위한 도기용 진흙이나 유약 등도 제조해 판매하는데 이 부분이 매상의 절반을 차지하고 나머지 절반은 타일이나 벽돌 제품입니다. 이 정도 규모로 한 장소에서 도기용 원료인 진흙 제조부터 소성까지 하는 곳은 그다시 많지 않습니다. 미즈노도예원이 이처럼 사업 영역의 폭이 넓은 것은 저희 할아버지가 모든 분야를 직접 하고 싶어 하셨기 때문입니다[그림 8]. 덕분에 미즈노도예원만의 도자기 제조 노하우가 축적되었습니다. 참고로 요즘의 도자기 공장은 효율화되어 기계가 자동으로 타일을 쌓아 주거나 타일 전용 가마로 쌓지 않고 굽습니다만, 저희 회사는 옛 공장을 그대로 사용하고 있기 때문에 모두 인력으로 쌓아 올립니다. 하지만 덕분에 도기로 만든 대형 벽부터 아주 작은 타일까지 어떤 형태라도 만들어 낼 수 있습니다. 옛 설비를 그대로 사용하면서 효율화를 꾀한 결과 지금의 모습을 갖추게 된 셈입니다.

제가 합류할 무렵에는 주문 제작 타일을 의뢰받지 않았었습니다. 하지만 미즈노도예원 랩을 운영하면서부터 많은 주문 제작 타일을 만들게 되었습니다. 설계사무소에서 자유로운 아이디어와 함께 의뢰가 들어오면 그때마다 실험을 반복했고 덕분에 노하우가 쌓였습니다. 제 일터에서 내내 일하는 것도 좋지만 회사 안에 틀어박혀 있기보다 다른 제조업체나 제조자와 함께 일하는 편이 경험이나 지식의 폭을 넓히는 데는 훨씬 더 도움이 됩니다.

시청 신청사 입구의 타일 벽

도코나메시 시청 신청사 입구의 타일 벽은 제안 공모에서 저희 팀이 1위를 차지해 제작한 작품입니다. 미래가 주제였는데, 미래를 상상하려면 먼저 과거를 되돌아보아야 하므로 지구의 오랜 시간을 품은 땅의 힘이 느껴지도록 도기 타일 벽을 제안했습니다[그림 9]. 벽 전체의 바탕에는 본래의 흙을 떠올리게 하는 도기 판재를 깔았습니다. 45도로 꺾인 입구의 동

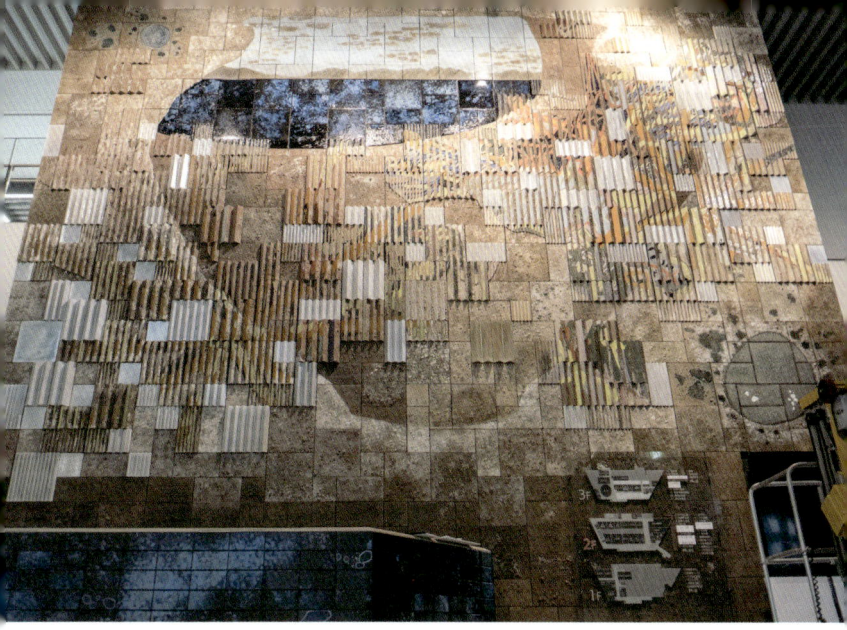

그림 9. 도코나메시 시청의 타일 벽

선에 맞춰 부분적으로 뾰족뾰족한 도기 판재를 사용해서 오른쪽에서 보면 갈색 흙만 보이고, 왼쪽에서 보면 알록달록한 그림이 보이게 디자인했습니다. 학교 친구인 아티스트 요시카와 기미야와 함께 디자인을 완성한 뒤 '태곳적부터 변하지 않은 것과 계승되어 온 것과 미래'라는 제목을 붙였습니다.

타일 제작에는 실제 도코나메에서 나는 흙을 사용했는데 채취 장소마다 달라지는 색깔을 조합하는 실험도 했습니다. 실험을 통해 흙 본래의 강렬함을 표현할 방법을 모색했고 5분의 1 규모로 작품을 제작해 연구했습니다. 점토를 뾰족뾰족하게 깎는 도구도 직접 개발했습니다. 타일 벽 중심에는 도코나메 지역을 대표하는 도기 항아리 '오가메'의 실루엣과 이세만의 하늘과 바다를 배치했고, 뾰족뾰족한 돌출 면의 왼쪽

그림 10. 뾰족뾰족한 도기 판재를 가까이에서 보면 도자기 공장이 늘어섰던 예전 도코나메의 모습이 떠오른다.

에는 추상화한 도코나메의 미래 지도와 비행기를 그렸습니다[그림 10]. 좌상단과 우하단에는 유리 재질로 표현한 물웅덩이 형상이 있는데 이는 점토질 토양 탓에 물웅덩이가 잘 생기는 도코나메의 대지를 상징하며 지타반도의 수많은 저수지도 떠오르게 합니다.

압출기를 사용해 제작한 뾰족뾰족한 도기 판재는 건조시키는 것도 쉽지 않았습니다. 갈라지지 않도록 테두리에 랩을 감아 가운데부터 건조시키는 방법도 고안해 냈습니다. 도안을 잘게 나누어 실측 크기의 제작도를 만들었고, 뗐다 붙였다 하면서 솔이나 에어 브러시 등 다양한 방법을 사용해 유약을 발랐습니다[그림 11]. 유약은 바른 뒤와 구운 뒤가 전혀 다르

그림 11. 도기 판재에 유약을 바르는 모습
(©Hidenao Kawai)

그림 12. 도기 판재를 늘어놓고 지켜보는 모습
(©Hidenao Kawai)

므로 구웠을 때 완성된 모습을 상상해 가며 작업해야 한다는 점이 무척 어려웠습니다. 마지막으로 공장에서 구워 낸 모든 구성품을 바닥에 늘어놓은 뒤, 높은 곳에서부터 차례로 몇 번이나 확인해 가며, 마치 편집하듯 구성품의 자리를 바꾸고 의외성도 드러날 수 있도록 고민해 가며 조금씩 작품을 완성시켜 나갔습니다[그림 12].

이후 현장 시공에 들어갔는데 도기 판재를 운반할 때는 저희가 직접 제작한 운반 틀을 사용해 트럭에 싣고 이동했습니다[그림 13]. 처음 현장에 도기 판재를 인도하러 갔을 때, 시

그림 13. 도기 판재를 현장으로 운반하는 모습

그림 14. 타일 벽 시공 모습

공업체는 판재를 둘 장소조차 정해 놓지 않았습니다. 작업자들의 운반 방식도 엉성했고, 사전 준비라고는 전혀 되어 있지 않았습니다. 현장에는 긴장감조차 없었기에, 저는 결국 작업을 중단했습니다. 현장 감독에게 새로운 시공 절차를 제안받고 저희가 승인한 뒤에야 공사에 착수하도록 했습니다.

일반 타일들과 달리 여분이 없어서 잘못 붙이거나 깨지면 다시 만들어야 했는데, 경우에 따라서는 몇 개월이 걸리기 때문에 시공업체의 주도적인 계획이 필요했습니다. 줄눈 역시 일반 타일 시공 때와 달라 시공 방법을 엄격하게 확인했습니다[그림 14]. 저희의 생각을 이해한 다음부터는 시공업체에서도 완성도를 높이기 위해 적극적으로 제안해 주셨습니다. 덕분에 완성된 뒤에는 다 함께 기쁨을 나눌 수 있었습니다. 도코나메시 시청의 얼굴로 50년이고 100년이고 남을 작품입니다. 완성했다고 손을 털며 기뻐하기보다는 앞으로 어떤 시간을 보낼지, 사람들에게 어떤 인상을 남길지 궁금해하고 있습니다.

지금 제가 계획하고 있는 일은, 지금껏 계속 하고 싶은 마음은 있었으나 선뜻 손을 대지 못했던 옛 사택 건물의 리노베이션입니다. 숙박 시설 겸 복합 시설로 리노베이션할 계획인데, 지금까지 쌓아 온 기술이나 신념과 함께 앞으로 시험해 보고 싶은 것들을 표현해 보려고 합니다.

미즈노도예원을 통해서는 일반 타일이나 그릇, 기타 제품도 구상하고 있어 얼른 행동으로 옮길 생각입니다. 아울러 예술 분야에서도 지금보다 더 활발하게 활동하고자 합니다. 제 생각과 실험해 보고 싶은 것들을 더 자유롭고 순수하게 표현할 수 있기 때문입니다.

MAKER 07

아즈노 다다후미 Tadafumi Azuno

리빌딩 센터 재팬 대표

1984년생. 나고야시립대학 예술공학부 졸업. 2014년부터 아내인 가나코(華南子)와 함께 공간 디자인 유닛 '메디칼라(medicala)'에서 활동하고 있다. 수개월마다 일본 전역을 옮겨 다니며 '좋은 공간'을 만든다. 2016년 가을, 나가노현 스와시에 지역 자원 재이용 회사 리빌딩 센터 재팬(Re-Building Center JAPAN)을 설립했다. '리빌딩 뉴 컬처(ReBuilding New Culture)'라는 이념 아래 다음 세대에 물려줄 것과 문화를 발굴해 즐거우면서도 건전한 삶을 살아갈 수 있도록 미래를 디자인한다.

MAKER 08

히토스기 이오리 Iori Hitosugi

툴박스 집행임원 / 데드스톡 시공사무소 운영자

1983년 시즈오카현 출생. 게이오기주쿠대학 문학부 민족학·고고학 전공. 대학 졸업 후 교토에서 상가 주택 리노베이션 등에 몸담으며 건축 일을 익혔다. 옛집 재생 사업을 추진하는 설계사무소에 입사해 설계·감독·시공을 경험한 뒤 2011년, 인테리어 서비스를 제공하는 도쿄 R 부동산의 새로운 사업 분야 툴박스(toolbox)에 합류했다. 건축 자재 개발 및 판매, 주택·사무실 시공을 비롯해 공간 조성 사업의 진행을 돕는다. 개인적으로 산업폐기물로 공간을 조성하는 건축 모임 '데드스톡 시공사무소'를 운영한다.

MAKER 09

미즈노 후토시 Futoshi Mizuno

미즈노 후토시 건축설계사무소 / 미즈노도예원 랩 대표

1981년 아이치현 출생. 2000년 교토공예섬유대학 조형공학과에 입학해 2003년, 도코나메시 임대 집합 주택(혼마치 테라스하우스)의 기획과 설계에 참여하기 위해 휴학했다. 2006년 동 대학 건축 코스를 졸업했다. 같은 해 6월 혼마치 테라스하우스가 준공되면서 건축가로서 경력을 쌓기 시작했고 2008년에는 도코나메시 도시계획안 <도코나메 리포트 2010>을 제안했다. 2014년, 미즈노도예원 랩을 설립했다. 2015년부터는 '도코나메 허브 토크'라는 행사를 공동 기획·운영하고 있다. 2022년부터 나고야조형대학에서 비상근 강사로 교단에 선다. 2023년 '제18회 베네치아 비엔날레 국제 건축전' 일본관 전시에 참여했다.

제4장

만들기 × 교육

나갈 인재를 육성하다 미래 건축을 창조해

돌담 쌓인 풍경을 뒷받침하는 기술

"지금은 토목·환경공학 분야에 몸담고 있지만 원래는 사회공학과 출신으로, 도시계획사와 녹지계획사가 전문 분야였습니다. 2007년 도쿠시마대학의 토목 분야에서 일하게 되면서 토목사 연구를 시작했고 농촌 경관이나 농촌 활성화, 돌담 쌓기 연구도 함께하고 있습니다. 제가 연구하는 돌담 쌓기는 콘크리트나 모르타르를 사용하지 않는 전통 기술 '메쌓기'입니다. 연구 주제는 크게 두 가지로, 하나는 농촌의 돌담 쌓기 기술 계승이고 다른 하나는 메쌓기 공공사업 활용 방안 모색입니다. 두 주제 모두 성의 돌담처럼 외관을 중시하는 기술이 아니라 실용성을 목적으로 하는 기술에 관한 것으로, 양쪽에서 공통적으로 확인할 수 있는 돌담 쌓기의 본질이란 무엇인지 고찰해 나가고자 합니다."

10

MAKER 사나다 준코

토목사 연구가 사나다 준코는 근무지였던 도쿠시마현에서 모르타르와 흙을 사용하지 않고 경사면에 쌓아 올린 메쌓기에 관심을 갖게 되었고 해당 기술을 계승해 다른 지역으로 전파하기 위한 시스템을 구축했다. 직접 돌담을 쌓으며 돌담 쌓기에 담긴 지역성과, 지역을 초월해 공통적으로 나타나는 보편성 사이의 연관성을 탐구하고 있다.

먼저 농촌의 돌담 쌓기 기술 계승에서 기술을 계승하는 '시스템'과 함께 계승하는 기술이 '어떠해야 하는지'에 관해 소개해 드리겠습니다. '시스템'에서는 제가 설립한 일반사단법인 '돌담 쌓기 학교'를, '계승하는 기술'에서는 전파를 위해 필요한 기술의 보편성과 지켜 나가야 할 지역성을 설명합니다. 얼핏 '보편성'과 '지역성'은 상반된 듯 보이지만 기술의 본질을 생각하면 그다지 다른 개념은 아닙니다.

제가 돌담 쌓기를 처음 접한 것은 도쿠시마대학에서 일한 지 얼마 지나지 않아 요시노가와시 미사토 지역으로 메밀 씨앗 뿌리기 체험을 하러 갔을 때였습니다. 아무것도 모르는 상태에서 방문한 미사토는 계단식 밭과 훌륭한 돌담이 있는 마을로 메밀 씨앗 뿌리기를 지도해 준 분이 마침 석공이었습니다[그림1, 그림2]. 저는 그곳의 돌담에 매료되었고, 그날 이후 학생들과 함께 합숙을 하며 돌담 쌓기를 배워 나갔습니다.

직접 돌담 쌓기를 경험해 보니 돌담의 실태가 눈에 들어왔

그림 1. 요시노가와시 미사토 지역의 돌담

습니다. 예를 들어 돌담이 무너진 채 몇 년이나 방치된 곳도 있었고 부분적으로 콘크리트로 보수한 곳도 있었습니다[그림 3]. 겉으로는 멀쩡해 보여도 언제 무너져도 이상하지 않은 돌담이 많다는 사실도 깨달았습니다.

그림 2. 석공 고 다카가이 후미오(高開文雄)

그림 3. 콘크리트로 보수된 돌담

돌담 쌓기 학교

2012년부터 2013년까지 당시 도쿠시마대학 석사 과정일 때 스쿠터를 타고 도쿠시마현 내의 현도와 국도를 모두 돌며 도로에서 보이는 계단식 논과 밭에 돌담이 얼마나 남아 있는지를 조사했습니다. 이를 통해 도쿠시마현에는 아직 콘크리트를 사용하지 않은 메쌓기 돌담이 잔뜩 남아 있다는 사실, 그중 관리가 되지 않은 채 풀로 뒤덮여 있는 곳이나 느즈러졌지만 수리를 하지 않은 곳이 많다는 사실을 알게 되었습니다. 풀의 생장 여부는 메쌓기 돌담이 평소 잘 관리되고 있는지 아닌지를 판단하는 지표입니다. 많은 돌담이 뒤덮여 있어 사람들이 돌담 관리법을 잘 모르거나 풀을 뽑을 노동력이 부족하다는 것을 알 수 있었습니다[그림 4]. 돌담이 느즈러진 곳은 수리가 필요하지만 수리되지 않은 곳이라고도 볼 수 있습니다. 이 조사를 통해 수리나 유지 관리를 위한 노동력이 부족하다는 점과 기술 계승이 이루어지지 않고 있다는 점이 드러났습니다.

그림 4. 돌담이 풀로 덮여 있고, 돌도 삐져나와 있다.

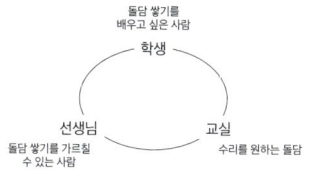

그림 5. 돌담 쌓기 학교의 3요소

따라서 돌담 쌓기를 알려 줄 수 있는 사람이 '선생님', 배우고자 하는 사람이 '학생', 수리를 원하는 돌담이 '교실'이 되는 '돌담 쌓기 학교'라는 활동을 시작했습니다[그림 5]. 기술의 계승과 수리 노동력 부족이라는 문제를 동시에 해결하려는 시도였습니다.

돌담 쌓기 학교의 설립 목표는 '돌담 쌓기는 어려운 작업'이라는 이미지를 없애고 학교의 운영을 지속하는 것입니다. 돌담이라고 하면 성에 있는 돌담을 떠올리며 짓는 것을 어렵게 생각하는 사람이 많은데 원래 돌담 쌓기는 농사일의 일부로 돌담으로 쌓아 올린 계단식 논밭이 곳곳에 있는 만큼 어려운 작업이 아니라는 것을 알 수 있습니다. 돌담 쌓기는 전문 업체에 맡겨야 한다거나 관리할 줄 모르니 콘크리트로 바꾸어야겠다고 생각하기 쉬운데 저는 그러한 생각을 바꾸고 싶습니다. 예를 들어 시공 회사에 돌담 수리를 맡기려고 하면 더 튼튼한 콘크리트를 사용하겠다고 이야기하는데 그렇게 하기 전에 우선 스스로 고쳐 보는 방안도 고려해 보았으면 합니다.

이러한 의식의 전환이나 문화의 부활·정착에는 시간이 걸리므로 제가 도쿠시마를 떠난 뒤에도 활동이 이어질 수 있도록 지속가능한 사업이나 일거리로 연결해야 했습니다. 이를 위해 보조금에만 의존해 운영하지 않으려 노력하는 한편 '활동을 시스템으로 전환하는 방안'을 고민했습니다. 농촌 지역에서 실시하는 활동은 보조금이나 봉사활동에 의존하여 운영되기 쉬운데 보조금을 내는 쪽의 재량에 따라 활동이 종료되거나 활동가들의 의지에 반하는 쪽에 지원되어서는 안 됩니다. 따라서 참가자에게 수업료 명목으로 참가비를 받아, 돌담 쌓기 학교를 운영하는 일이 제대로 된 직업이 될 수 있도록 시스템을 구축했습니다.

'활동을 시스템으로 전환한다'라는 말을 조금 더 설명해 보겠습니다. 지역 활동은 그 지역의 문제를 해결하며 이목을 끌지만 지역 안에서만 이루어지기에 말 그대로 '활동'에 불과합니다. 저희는 돌담 쌓기 기술을 다른 지역에 보급하기 위해 크게 기술 계승과 수리로 구분해 '시스템'을 구축했습니다. 이렇게 하지 않으면 설령 돌담으로 만든 계단식 논이나 밭을 보전하는 경관 계획을 세운다 한들 실제로 돌담을 쌓을 수 있는 사람이 각지에 없어 실현할 수 없습니다. 아울러 한 지역에서만 활동하면 돌담 쌓기가 알려지지 않아 돌담 쌓기 학교가 제대로 된 직업이 되지 못한다는 현실적인 문제도 있었습니다. 이러한 이유로 돌담 쌓기 학교를 여러 곳에서 개최해 사람과 장소를 잇는 시스템을 구축하는 것이 저의 사명이라고 여겼습니다. 이러한 제 의지를 분명히 표하기 위해 돌담 쌓기 학교의 첫 수업은 제가 돌담 쌓기를 배웠던 미사토가 아니라 미요시시에서 개최했습니다.

지금 돌담 쌓기 학교를 주도적으로 운영하고 있는 사람은 대학교 3학년 때 돌담 쌓기 학교의 첫 수업(2009년)에 참여했던 가네코 레오(金子玲大) 씨입니다. 직접 돌담 쌓기를 알

그림 7. 가네코 씨의 돌담 쌓기 수업

려 주기도 하고 수리 작업도 하면서 돌담 쌓기에 인생을 걸고 도전하고 있습니다[그림 7]. 오랜 세월 활동을 이어가다 보면 이런 인재도 키울 수 있구나 하는 생각이 듭니다.

처음에는 돌담 쌓기를 가르치는 선생님, 배우고자 하는 학생, 수리를 원하는 돌담의 3요소를 연결하는 것이 학교의 주요 활동이었으나 언젠가부터 의뢰가 들어왔습니다. 예를 들어 어느 지역 단체에서 "우리 동네에 수업을 받을 사람도, 장소도 다 준비되어 있으니 가르쳐 주러 오세요" 하고 연락을 주신 적도 있고, 지자체에서 옛 시골길을 수리해 달라고 연락을 주시거나 어느 대학에서는 "저희 연구실에서 드나드는 지역에 돌담이 있는데 문제가 생겼으니 와서 알려 주세요" 하고 요청하신 적도 있습니다. 지금은 의뢰받아서 하는 일이 더 많아졌지요. 봉사활동이 아닌 직업이기 때문에 이러한 의뢰에도 응하기 쉽습니다. 다시 말해 미사토 지역에서만 계속 봉

그림 8. 야마나시현 하야카와초에서 열린 돌담 쌓기 학교

사활동을 했더라면 다른 지역에서 연락받을 일도 없었을 겁니다. 이런 식으로 2013년부터 지금까지 131곳에서 돌담 쌓기 학교를 열었습니다[그림 8, 그림 9].

돌담 쌓기 학교는 보통 주말 이틀 동안 진행됩니다. 10명에서 20명 정도의 참가자가 함께합니다. 일본 전역에서 열리는데 도쿠시마에서 열리는 학교에 간토 지역 분들이 참가하기도 합니다.

그림 9. 지바현 가모가와시에서 열린 돌담 쌓기 학교

수업은 먼저 안전 관리 사항을 설명한 다음 오래된 돌담을 해체하는 일부터 시작합니다. 무너뜨린 돌담에서 나온 돌은 새 돌담의 재료로 사용하므로 무너뜨리는 데도 요령이 필요합니다. 학생들은 설명을 들으며 조심스럽게 돌담을 해체합니다. 해체 작업이 끝나면 돌담이 놓일 도랑을 파고 거기서부터 담을 쌓아 갑니다. 쌓을 때도 방법을 설명합니다. 다만 설명만 들어서는 이해하기가 어려우므로 실제로 해 보고 잘못된 부분은 바로잡는 식으로 기술을 익혀 나갑니다.

앞서 돌담 쌓기가 어렵다는 이미지를 바꾸고 돌담 쌓기 학교의 운영을 지속해 직업으로 만든다는 목표를 말씀드렸는데요. 사실 두 목표를 모두 달성하는 것은 무척 어려운 일입니다. 고도의 기술이라며 꼭꼭 감추면 돈을 많이 받을 수 있지만 저희는 환경 부하가 적은 순환형 기술을 누구나 활용할 수 있도록 전파하는 것이 목표이므로 가격을 올려 부르고 싶지는 않습니다. 기술에 부가가치를 더해 돈을 많이 받으면 괜찮은 벌이야 되겠지만 서두르거나 기존 시장에 저희를 알리려고 하기보다는 직접 시장을 창출해 나간다는 생각으로 활동하고 있습니다.

프랑스에 석공들의 모임인 ABPS라는 단체가 있는데 이 단체의 주최자 역시 기술을 보전하려면 현장을 확보해야 한다고 말합니다. 기술자는 현장을 경험하면서 실력이 늘기에 현장을 확보하기 위해 돌담 시장을 확대할 필요가 있습니다. 따라서 프랑스에서는 공공사업에 돌담을 적용하도록 해 돌담 시장을 키우려 하고 있습니다. 저도 농촌의 돌담을 공공사업에 적용해 기술을 보전하기 위해 노력하고 있습니다.

기술의 계승 - 품이 들지 않는 농촌의 기술

인구 감소 및 고령화로 돌담 쌓기 기술은 점점 사라지고 있습니다. 돌담 수리 기술도 사라질 수 있어 기술 계승이 요구됩니다. 한편 젊은이들의 숫자가 감소하면서 노동력이 부족해진 탓에 전문업체를 불러 돌담을 콘크리트로 바꾸는 경향이 있습니다. 예전에는 부모에게서 자녀에게로 돌담 쌓기 기술이 계승되었습니다. 하지만 지금처럼 인구 감소가 진행되면 지역 내의 노력만으로 기술을 계승해 가기는 어렵습니다. 지금까지는 위에서 아래로 계승되어 왔던 기술을 옆으로도 전파할 필요가 있습니다.

이 경우 네트워크를 형성해 여러 마을을 연결하고 넓은 범위에서 돌담 쌓기 기술을 파악해야 하므로 각 지역의 석공을 찾아가 지역별 돌담의 차이점에 관한 설명을 들으며 조사를 했습니다. 조사 항목은 돌의 성질, 돌 채취 장소, 가공 방법, 유지 관리 방법 등입니다. 조사 결과를 요약하면 돌담 쌓기 기술의 기본적인 사항은 동일했습니다. 다시 말해 배우기만 하면, 산에서 가져온 돌로 도쿠시마현 어디에서든 똑같은 돌담을 쌓을 수 있어 기술의 일반화도 가능해 보였습니다. 현재 돌담 쌓기 학교가 하나의 기술로 일본 전역에서 활동할 수 있는 것도 지역마다 돌은 달라도 동일한 기술이 적용되고 있음을 의미합니다.

돌담 쌓기를 하다 보니 돌담 쌓기란 도구를 만들고 사용하는 법, 몸을 움직이는 법, 휴식하는 법 등 다양한 지혜를 품고 있는 하나의 문화 체계라는 생각이 들었습니다. 배운 것을 모두 기록으로 남기고자 2014년에는 소책자를, 2018년에는 『누구나 할 수 있는 돌담 쌓기 입문』이라는 책을 냈습니다[그림 10]. 여담이지만 같은 시기, 프랑스와 이탈리아에서도 돌담 쌓기 기술에 관한 책이 출판되어 이러한 기술을 글로 남기는 것이 요즘 트렌드인가 하고 생각했습니다.

참고로 이러한 기록을 남기는 방법에는 건축사나 문화인류학에서처럼 취재 내용을 바탕으로 지역 관련 지식을 상세하게 기술하는 방법과 저처럼 매뉴얼화하는 방법 두 가지가 있습니다. 전자는 정확성이 필요하지만 후자는 정확성보다는 이해하기 쉽게 설명하는 것이 중요하고 지역의 특수성을 배제하고 일반화하는 측면이 있습니다. 아래의 그림은 책에 실은 내용의 일부로, 제가 그린 돌담의 단면도와 입면도인데 실제로 이

그림 10. 『누구나 할 수 있는 돌담 쌓기 입문』 표지

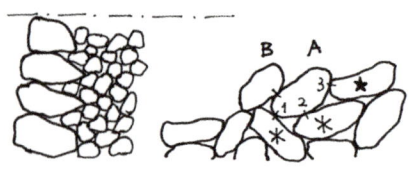

그림 11. 돌담의 단면도와 입면도

런 단면은 존재하지 않습니다. 입면도에서 보시다시피 두 개의 돌에 부하가 걸리도록 돌을 얹기 때문에 돌이 세로로 늘어서는 일은 없습니다. 하지만 어떻게 돌을 맞물리게 하는지를 표현하려면 존재하지 않는 단면도를 그리는 편이 더 이해하기가 쉬우므로 일부러 이런 식으로 그렸습니다.

핵심은 돌담 쌓기란 그저 수많은 농사일 중 하나이므로 노동력을 낭비하지 않고 완성해야 한다는 점입니다. 이전에 사용하던 흙벽은 외부에 노출된 상태로는 오래가지 않았기 때문에 돌을 쌓은 것이며 작업을 시작하면 한 번에 완성할 수 있어야 했습니다. 가급적 수고를 덜기 위해 몸을 움직이는 방법이나 휴식을 취하는 방법 등 다양한 노하우가 있고 필요 이상으로 튼튼하게 짓지도 않았습니다. 이처럼 힘을 들이지 않고 가볍게 하는 것과 대충대충 하는 것은 천지 차이입니다. '편안한 생활'이라는 커다란 목적 아래 가성비와 노력을 배분합니다.

이러한 고민은 가령 재료 조달과 가공 과정에서도 드러납니다. 재료는 근처에서 조달하고 되도록 구한 재료를 그대로 쌓아 운반이나 가공에 드는 품을 최소화합니다. 일본의 농촌에서 흔히 볼 수 있는 마구쌓기(乱積み)는 지역성을 반영한 형태로 발전한 기술이라고 할 수 있습니다[그림 12]. 가져온 돌은 어떤 돌이든 쌓아 올리고 그냥 버리는 일은 없습니다. 반대로 규칙적인 돌담을 쌓을 때는 돌의 형태나 크기가 유사하도록 선별하는 수고가 필요합니다.

그림 12. 일본의 농촌에서 흔히 볼 수 있는 마구쌓기

 이처럼 가공을 최소화한 덕분에 지역의 돌담은 돌의 성질을 아주 잘 보여 줍니다. 이탈리아 오솔라 지역에서는 층상으로 미네랄이 함유된 납작한 블록 모양의 돌을 흔히 볼 수 있고 그 돌에 걸맞은 기술이 발전했습니다[그림 13]. 예전에는 가끔 나오는 동그란 형태의 돌도 사용했으나 지금은 동그란 돌을 쌓을 줄 아는 사람이 거의 없습니다. 과거에 학생과 함께 오솔라 지역의 돌담 수리에 참여했는데 동그란 돌이 여러

그림 13. 오솔라의 돌담

그림 14. 아말피의 돌담

그림 15. 친퀘테레의 돌담

개 나오기에 일부를 일본의 돌담 기술로 쌓아 올렸습니다. 이 지역을 연구하는 토리노공과대학의 안드레아 보코 교수는 이러한 기술의 차이를 보고 "돌이 기술을 선택한다"라고 했습니다. 같은 이탈리아 안에서도 아말피 지역은 석회질의 둥근 돌이 흔해 일본과 비슷한 방식으로 돌을 쌓고, 친퀘테레 지역은 막대기 모양으로 쪼개지는 돌이 많아 큰 돌 주변에 막대기 모양의 돌을 늘어놓는 방식으로 담을 쌓습니다. 수고를 줄인다는 농촌 일하기의 본질에 맞게 근처의 돌이 지닌 특성에 따라 깨진 상태 그대로 사용하는 것입니다. 돌에 맞춰 기술이 따라가니 저절로 지역성이 드러나게 됩니다.

한편 2018년 이탈리아에서 개최된 돌담 페스티벌에 참가했을 때, 돌을 가공해 빈틈없이 쌓아 올리는 기술이 확산하고 있다는 인상을 받았습니다. 최근 유럽에서는 돌담의 보전 움직임이 활발해져서 농촌의 돌담 쌓기를 직업으로 하는 사람이 생겨나고 있습니다. 그렇게 되면서 '깔끔하게', 다시 말해 치밀하게 돌을 쌓는 방향으로 기술이 변화해 가는 경향이 있는데 저는 그 점에 대해서는 반대하는 입장입니다. 에너지를 아껴 더 효율적인 생활을 추구하는 것이 농촌 기술의 진화 방향이므로 돌의 양을 가늠하는 일, 쓸데없는 동선을 줄이는 재료·도구 배치법, 헤매지 않고 돌을 쌓는 법 등의 기술을 갈고닦는 것이 더 중요하다고 생각합니다. 돌담 쌓기가 가족의 일인지 기술자의 일인지에 따라 이러한 기술의 진화도 달라집니다.

농촌 기술의 본질을 알리기 위해

쓰노 유킨도가 『자연과 음식과 농경』이라는 책에서 말하길, 예전에는 솜씨, 수단, 방도라는 여러 단어로 표현했던 것을 근대 공업 도입과 함께 탄생한 '기술'이라는 한 단어로 포괄해 표현하면서 의미가 모호해졌다고 합니다. 돌담 쌓기를 예로 들어 돌의 조달 방법, 필요량 산정 방법, 적치 장소 선정 등의 세부 기술을 수행하는 데 돌 자체를 미끈하게 다듬느냐 아니냐는 큰 의미가 없는 일입니다. 돌을 다듬는 것은 미관 향상을 위한 기술로, 성이나 저택에는 필요하겠지만 농가에서는 필요 없는 기술입니다.

돌담 쌓기 기술의 계승을 위해서는 시장을 형성할 필요가 있으나 시장이 형성되면 돌담 쌓기가 직업이 되어 기술이 변질될 가능성이 있습니다. 농촌의 기술은 미묘한 조건에서 성립되기에 주의를 기울이지 않으면 사라지고 맙니다. 따라서 기술이 지닌 가치의 개념을 잘 정리해 농촌 기술 고유의 척도

를 공유해 가야 합니다. 모론 메쌓기(もろん空石積み)는 해당 지역의 돌담을 활용해 자원을 순환하고, 틈새에 작은 동물이나 기타 생물이 서식하는 등 '옛 방식과 같은 쌓기 기술'은 아니더라도 많은 장점이 있습니다.

따라서 돌담 쌓기 기술이 직업화되어, 전통적인 돌담 쌓기가 사라져 버린다고 해도 나쁘기만 한 것은 아닙니다. 무엇을 남길지는 각 지역이 정할 일입니다. 하지만 아무도 모르는 사이 사라져 버리는 것과, 기술의 본질을 이해하고 난 뒤 남길지 말지를 판단하는 것은 의미가 다릅니다. 이러한 생각을 바탕으로 저희는 농촌의 기술이란 무엇인지 정확하게 알려 나가고자 합니다.

포스트 디지털 시대, 건축의 본질

"저는 세키스이하우스의 지원을 받아 구마 겐고 교수님을 주축으로 설립된 연구실 세키스이하우스 구마랩에서 디렉터를 맡고 있습니다. 그전에는 구마 교수님의 연구실에서 조교로 일하며 학생들과 함께 소규모로 실험적인 파빌리온을 만들었습니다. 이러한 프로젝트에서는 단순히 컴퓨터로 설계만 하는 게 아니라 실제로 소재를 만지고 손을 움직여 가며 만드는 활동을 중요시합니다. 2019년에는 대나무에 탄소 섬유를 붙여 링 구조로 〈다케와〉라는 파빌리온을 만들어 런던에서 전시도 했습니다[그림 1~3]. 8월의 뜨거운 태양 아래, 휜 대나무에 탄소 섬유를 붙이거나 가조립하는 작업을 학생들과 함께했습니다. 이처럼 구마 교수님의 연구실에서는 디지털 디자인과 육체노동을 동시에 수행하는 일이 많았습니다."

11

MAKER 히라노 도시키

사회의 변화가 시대의 미학에 반영되고 건축은 그것을 짚어낸다. 이러한 변화에 민감하게 반응하는 곳이 바로 교육 현장으로, 종이를 전혀 사용하지 않고 설계하는 페이퍼리스 스튜디오처럼 혁신적인 교육도 등장한 바 있다. 히라노 도시키가 지적하듯 정보화에 따른 미학이 과잉의 미학이라면 건축이나 공간은 어떻게 변화해야 할까. 히라노 도시키는 도쿄대학에 설치된 디지털 패브리케이션 플랫폼 T박스(T-BOX)에서 연구와 교육을 통해 스스로 손과 발을 움직여 가며 그 가능성을 시험하고 있다.

제가 관심을 두고 있는 연구 주제 중 하나는 건축의 본질(미학)입니다. 현대는 디지털 테크놀로지가 일반화된 이후의 시대로, 포스트 디지털 시대라고 불립니다. 저는 포스트 디지털 시대에 건축의 본질은 어떻게 변화하는지 이론과 실천의 양 측면을 연구합니다. 모더니즘의 거장 중 한 사람인 미스 반 데어 로에가 이런 말을 했습니다.

"우리는 시대를 표현해야 한다. 시대의 한가운데 서 있어야 한다. 건축은 결국 문명의 표현일 수밖에 없다고 나는 굳게 믿고 있다."

건축의 본질은 일률적인 것이 아니라 늘 시대의 세계관을 반영한다는 뜻입니다. 그리고 시대의 세계관은 그 시대의 문화적, 기술저, 사회적인 상황을 토대로 사람들 사이에서 형성됩니다.

그림 1. <다케와> 런던 전시 모습

그림 2. <다케와> 제작 모습

그림 3. <다케와> 구조를 가조립한 모습

접속의 시대에서 단절의 시대로

박사 논문에서는 디지털 테크놀로지가 건축의 사고방식이나 설계에 어떤 영향을 끼쳤는지를 연구했습니다. 논문에서 제가 주로 인용한 것은 1990년대 중반 컬럼비아대학의 페이퍼리스 스튜디오(Paperless Studio)입니다. 페이퍼리스 스튜디오란 제도판과 종이를 사용해 직접 도면을 그리며 진행했던 기존 설계 작업을 모두 컴퓨터 안에서 해결한 최초의 설계 스튜디오입니다. 요즘 컴퓨테이셔널 디자인이나 디지털 디자인이라고 불리는 것의 원류 중 하나라고 할 수 있겠죠.

페이퍼리스 스튜디오에서 탄생한 건축의 사고방식에는 그 시대의 사회상이 반영되어 있습니다. 냉전이 끝나고 베를린 장벽이 무너지면서 동서가 서로 연결되었습니다. EU가 발족해 여러 국가가 하나의 체제 안에 동등하게 공존하게 되었습니다. 글로벌리즘으로 사람, 물자, 돈이 국경을 넘어 자유롭게 오갔습니다. 대표적인 기술로는 인터넷이 있습니다. 덕분에 지리적인 경계를 넘어 자유롭게 정보를 주고받을 수 있게 되었습니다. 사회의 다양한 장벽이나 경계가 사라지고 다양성이 보장되는 시대가 1990년대였다고 할 수 있습니다. 저는 이 시대를 '접속의 시대'라고 부릅니다.

마치 시대에 호응하기라도 하듯 페이퍼리스 스튜디오에서는 새로운 건축의 본질을 탐색하는 시도가 이루어져 다양한 설계 기법이 탄생했습니다. 이러한 시도 중에는 「쥬라기 공원」(1993년 개봉)의 기술처럼 할리우드에서 발달한 CG 기술이 활용되었습니다. 예를 들어 가상 공간에 중력이 설정된 부지의 3D 모델을 구축하고 그 안에 공을 떨어뜨렸을 때 튀어 오르는 거동을 시뮬레이션해 그 궤적을 그대로 구조체로 삼는 방식입니다.

페이퍼리스 스튜디오에서 탄생한 다양한 설계 기법이 건축물로 구현된 사례로는 FOA가 설계한 <요코하마항 오산바시 국제여객터미널>을 들 수 있습니다[그림 4]. 한 장의 판이 변형을 반복하며 출입국관리국, 대합실, 공원 등 여객

그림 4. <요코하마항 오산바시 국제여객터미널>

터미널의 다양한 기능을 자연스럽게 연결해 세계와 일본이 벽으로 단절되어 있지 않고 부드럽게 연결되어 있음을 상징하는 디자인이었습니다. 이 무렵부터 자하 하디드로 대표되는 유선형의 건축물이 점점 주류를 이루어 갑니다. 다시 말씀드리지만 1990년대 이후의 사회상이나 세계관이 그러한 건축의 본질이 성립되는 데 영향을 주었습니다. 서서히 변형되어 가는 가변적인 하나의 시스템을 통해 다양한 존재가 동등한 수준에서 접속되는 것이 1990년대 이후 건축의 본질을 정의했다고 생각합니다.

다른 관점에서 현대를 바라보면 더는 접속의 시대라고 부를 수 없는 상황이 펼쳐지고 있습니다[그림 5]. 2010년대 이후

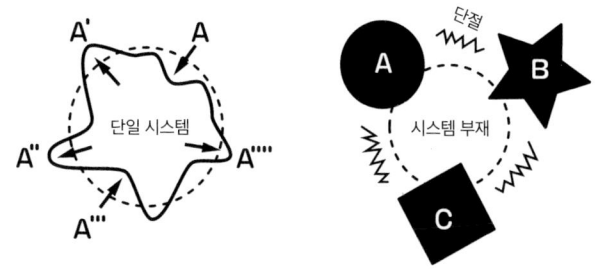

그림 5. 접속의 시대(좌)와 단절의 시대(우)

는 접속 상태라기보다는 단절 상태로 변화하고 있습니다. 포스트트루스(Post-truth)라 불리는 상황이지요. 도저히 용납되지 않는 생각을 가진 이들이 등장해 아무리 과학적인 증거를 제시해도 이해하지 못하는 상황이 발생하고 있습니다.

'접속의 시대'는 하나의 틀에서 다양성이 보장되는 시대였습니다. 반면 '단절의 시대'는 모두가 공유하는 틀이 없고 서로가 완전히 단절된 상태입니다. 저는 상황이 이렇게 된 요인 중 하나가 방대함(과잉성)이라고 생각합니다. 인스타그램에는 몇 억 장의 사진이 올라와 있고 인터넷에서는 매일 대량의 정보가 오고 갑니다. 정보의 양이 너무 방대하다 보니 이를 담아낼 하나의 시스템, 하나의 틀이 만들어지지 못한 채 여러 가지 시스템으로 분산되었지요.

이러한 단절의 시대에 발맞춰 건축의 본질도 업데이트해야 합니다. 어떤 것이 가능할까요? 최근 제가 생각한 것은 '방대한 정보량의 미학'입니다. 영어로는 'Aesthetics of (In) Excess', 직역하면 (비)과잉성의 미학이라고 할 수 있겠네요.

방대한 정보량

건축 설계에서 정보량이 압축되는 것은 불가피한 일입니다. 예를 들어 도면은 2차원이지만 건축물은 3차원입니다. 3차원 물체를 2차원 도면으로 그린 뒤 최종적으로 3차원으로 시공합니다. 그런 의미에서 정보량은 압축된다고 할 수 있겠지요. 도면뿐만 아니라 건축물을 짓는 방법에도 정보량이 압축되어 있습니다. 예로 H형강처럼 공장에서 만들어 내는 규격 자재를 들 수 있습니다. 규격 자재를 사용하면 고려해야 할 정보량이 현격히 줄어듭니다. 그렇지 않으면 가령 형상이 서로 다른 목재를 하나하나 살펴보며 '이 목재는 옹이가 있고 휘어 있는데 어떻게 하면 사용할 수 있을까' 하고 일일이 검토해야 합니다. 공업 부재는 재료, 두께, 길이가 정해져 있어 다루어야 할 정보가 상당히 압축됩니다.

디지털 테크놀로지에서도 마찬가지로 정보의 압축이 일어납니다. 얼핏 보기에 복잡하고 정보량이 많아 보이는 자하 하디드의 건축물에는 너브스(NURBS) 곡면이 자주 사용됩니다. 너브스 곡면은 적은 제어점으로 매끈한 곡선을 그리는 방법입니다. 복잡해 보이는 곡면이라도 사실은 몇 안 되는 제어점으로 이루어져 있습니다. 그런 의미에서 정보량이 압축되었다고 볼 수 있습니다. 설계 프로세스상 도면의 정보 압축, 규격 자재 등 건축물을 짓는 방법에서 나타나는 정보의 압축이 건축의 본질도 정의해 온 것은 아닐까 싶습니다. 미스 반 데어 로에의 'Less is More' 역시 '정보량이 적다는 것은 좋은 것이다'라고 해석할 수 있습니다.

　최근 컴퓨터의 정보 처리 속도가 급격히 빨라졌고 저장 용량 역시 크게 증가했습니다. 대량의 정보를 다룰 수 있게 된 것입니다. 전 세계적인 상황을 살펴봤을 때도 정보량은 서서히 증가하고 있습니다. 이러한 상황 속에서 정보량의 압축을 기반으로 한 건축의 본질이 아니라 압축되지 않은 정보를 기반으로 하는 건축의 본질도 생각해 볼 수 있지 않을까요?

　이러한 생각의 배경에는 건축사가 마리오 카르포가 있습니다. 카르포는 원래 르네상스 건축을 연구하던 사람입니다. 하지만 르네상스 이후에 출현한 '건축가'라는 직업과 건축가의 출현 이후 건축물을 만드는 방법이 어떻게 변화했는지를 연구하는 과정에서 디지털 테크놀로지가 건축가라는 직업의 정의나 건축물 짓는 방법을 근저에서부터 바꿀 수도 있다는 사실을 깨닫고 지금은 테크놀로지에 대해 열성적으로 설파하고 있습니다. 그 이론 가운데 정보의 압축 없이 건축물을 짓는 방법의 개념이 포함되어 있습니다[그림 6, 그림 7].

　예를 들어 도넛을 3D 스캔한다고 칩시다. 도넛 하나의 3D

그림 6. 3D 스캔 데이터

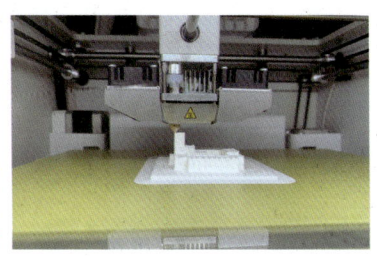

그림 7. 3D 스캔 데이터로 3D 프린트 하는 모습

모델은 100만~1천만 개에 달하는 대량의 폴리곤으로 구성되어 있습니다. 도넛 하나면 용량은 1GB 정도입니다. 그 정도면 도넛 표면의 미세한 요철이나 형상을 단순화하지 않고 데이터화할 수 있습니다. 그리고 3D 프린터를 사용하면 도면이라는 정보 압축을 통하지 않고 데이터로부터 물리적인 사물을 직접 출력해 낼 수 있습니다. 그러니 정보를 압축하지 않는 것, 다시 말해 방대한 정보를 방대한 상태 그대로 다루는 것에 대해 생각해 보자는 주장입니다.

한편 3D 스캐너가 모든 정보를 디지털 데이터화하는 것은 아닙니다. 실제로는 존재하지 않는 구멍이 생기거나 형상이 일부 변형되기도 하고 물체의 내부는 애초에 촬영하지도 못하지요. 초밥의 밥알 하나하나까지 3D 스캔할 수는 없습니다[그림 8]. 반드시 정보가 누락되거나 에러가 발생해 변질되고 맙니다.

아무리 3D 스캐너의 정밀도와 컴퓨터의 성능이 향상된다 하더라도 '불쾌한 골짜기'는 존재하기 마련입니다[그림 9].

그림 8. 3D 스캔한 초밥

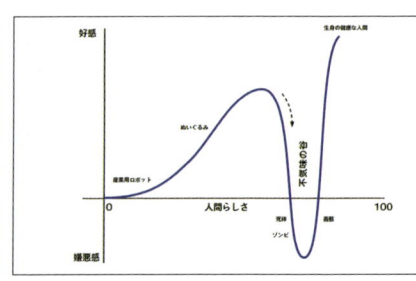

그림 9. 불쾌한 골짜기

불쾌한 골짜기란 로봇 공학에서 쓰는 말로, 로봇이 인간을 어설프게 닮을 경우, 인간과 같다고 느끼기보다 어느 지점에서 급격히 불쾌함을 느끼게 되는 현상을 말합니다. 이 지점을 '불쾌한 골짜기'라고 합니다. 아마도 3D 스캔 역시 마찬가지로 아무리 실사에 가깝고 충실하고 치밀하게 사물을 읽어 들인다 해도 어딘가 불쾌한 골짜기가 발생하리라고 생각합니다. 모든 것을 디지털 데이터로 완벽하게 파악하고 다루는 일은 근본적으로 불가능하다는 것이 제 생각입니다.

철학자 그레이엄 하먼도 같은 생각을 했습니다. 하먼은 2010년 무렵에 등장한 새로운 철학 사상인 객체지향존재론을 제창하며 '객체의 환원불가능성'을 주장합니다. 예를 들어 아이폰은 액정과 IC와 실리콘 등의 부품으로 구성되어 있습니다. 아이폰을 각 요소로 분해할 수는 있지만 아이폰 자체는 구성 부품의 집합과는 별개의 성질을 지니고 있습니다. 게다가 아이폰에는 인간의 능력으로는 파악할 수 없는 성질이 숨어 있을지도 모릅니다. 이처럼 모든 사물은 외부에서 완전히 파악할 수 없다는 이론입니다.

건축물은 지어지는 동안 물리적인 사물과 디지털 정보의 사이를 오갑니다. 이러한 과정 어딘가에서 정보가 누락되거나 변질되는 것은 불가피합니다. 방대한 정보를 방대한 채로 다루는 것은 애초에 불가능합니다. 하지만 그렇다고 해서 그것이 나쁜 것은 아니며 오히려 그런 불가능성이 있기 때문에 새로운 건축의 본질이 형성되는게 아닐까 생각합니다.

그림 10. 런던 디자인 비엔날레에 출품한 설치 미술 작품

런던 디자인 비엔날레

이러한 문제의식 속에서 완성된 작품을 소개합니다. 2021년에 개최된 런던 디자인 비엔날레에 출품한 설치 미술 <리인벤팅 텍스처(Reinventing Texture)>입니다[그림 10]. 2×8m 정도 크기의 부조 형태 구조체로, 일본 전통 종이로 된 조형물입니다. 도쿄와 런던에서 3D 스캔을 통해 디지털 모델로 수집한 다양한 도시의 요소들이 콜라주 되어 전체를 구성합니다[그림 11, 그림 12].

디지털 모델을 콜라주해 3D 모델 데이터를 만들고 이를 바탕으로 스티로폼 덩어리를 CNC 절단기로 깎아 낸 다음, 손으로 일본 전통 종이를 하나씩 붙이고 마지막에 스티로폼을 제거한 뒤 런던으로 보내 조립했습니다.

3D 스캔 데이터에는 어느 정도 오류나 누락이 존재합니

그림 11. 3D 스캔으로 수집한 도쿄의 여러 요소들

그림 12. 디지털 모델상의 콜라주 작업

다. 디지털 모델상의 콜라주 작업에서는 각각의 모델을 실제 크기와 다르게 리스케일링 했습니다. 예를 들어 빌딩은 아주 작게 만들었고 도넛은 실제 크기의 10배로 확대해 실제 사물이 가지고 있는 정보를 변형했습니다. 이를 스티로폼에서 깎아 내는데 이때 3D 모델의 형상은 CNC 드릴의 지름과 스티

그림 13. CNC 절단기로 스티로폼을 깎아 내는 모습

그림 14. 일본 전통 종이를 붙이는 모습

그림 15. 스티로폼을 뜯어낸 모습

로폼의 무른 성질 등의 팩터를 통해 한 번 더 변형됩니다[그림 13]. 일본 전통 종이를 가져다 붙이는 과정에서 주름이 생기거나 두께도 달라집니다[그림 14, 그림 15].

디지털과 피지컬

피지컬에서 디지털로, 디지털에서 피지컬로 넘나든 것은 물론 수작업까지 더해지면서 여러 정보가 누락되고 변질되고 추가되었고, 최종적으로 작품이 완성되었습니다. 정보의 누락, 변질, 추가를 거쳐 비로소 완성된 새로운 가치와 아름다움이 있지 않을까요? 이 프로젝트는 이러한 실험의 일환이었습니다. 예를 들어 수작업도 예기치 못한 정보를 더하는 수단으로 이해할 수 있습니다. 3D 프린트해서 나온 결과물과 종이를 붙여 완성한 결과물은 상당히 다르겠지요. 일본 전통 종이를 붙임으로써 실제 형상에는 없던 주름이 생기고 변형되는 편이 매력적이라고 생각합니다. 아울러 CNC로 스티로폼을 깎아 내면 일주일 만에 만들 수 있는 것을 3개월 동안 수작업으로 만들어 냄으로써 표현할 수 있는 특유의 질감이나 분위기가 있습니다.

　디지털을 건축에 적용한다고 하면 극도로 실물에 충실한 형태로 설계할 수 있으리라고 기대하기 쉽습니다. 하지만 실제로는 반드시 정보의 누락, 변형, 변질이 발생합니다. 예를 들어 스마트 시티 분야에서 도시를 가상으로 구현해 교통량 등을 시뮬레이션하면 현실 세계에서도 가상 도시에서처럼 사고가 줄어 완벽한 생활이 가능하리라고 기대하는 경우가 있습니다. 하지만 그러한 시선에는 디지털화 불가능한 질감이나 분위기가 결여되어 있습니다. 하지만 디지털 테크놀로지를 사용한 덕분에 생기는 특유의 질감이나 분위기도 있습니다. 그러한 부분들을 결점으로 볼 것이 아니라 그곳에서 가치를 찾아내는 일에 건축의 새로운 본질이 숨어 있지 않을까 생각합니다.

　대학에서 제가 담당하는 기초 실습이나 설계 스튜디오에

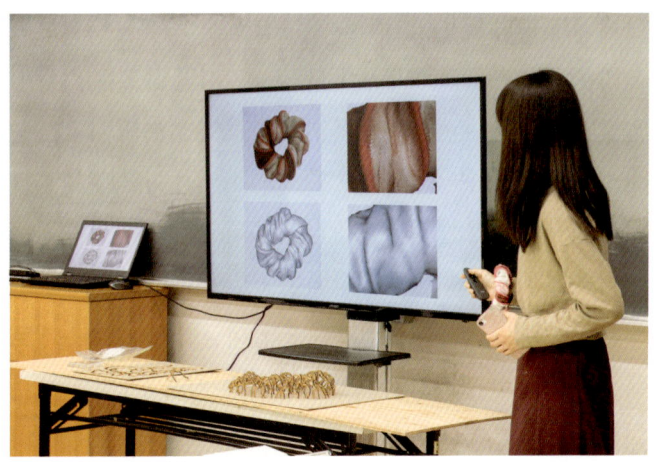

그림 16. 3D 스캔한 곱창밴드

그림 17. 곱창밴드를 재현하기 위해 MDF를 레이저커터로 잘라 와플구조로 표현한 작품

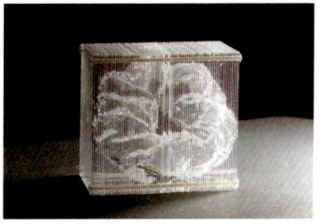

그림 18. 레이저 조각한 투명 아크릴판을 쌓아 만든 작품

서도 같은 테마로 연구를 진행합니다. 학부 3학년 기초 실습 수업인 조형 4에서 학생들은 주변에 있는 물건을 3D 스캔해서 물리적인 오브제로 제작하는 과제를 수행합니다. 과제에서는 3D 스캔한 물건을 10cm 미만으로 하나, 30cm 이상으로 하나, 총 두 개의 오브제를 만듭니다[그림 16~18]. 과제를 통해 학생들은 크기에 따라 선택할 수 있는 제작 방법이나 소재가 바뀌고, 같은 형상이라도 만들어지는 결과물에 담긴 정

보가 다르다는 사실을 깨닫습니다. 디지털 공간상에서 모든 것을 만들고자 했던 페이퍼리스 스튜디오의 교육과 달리 디지털, 피지컬을 모두 사용해 만드는 방법을 탐구하는 교육이라고 하겠습니다.

손으로 생각하고 몸으로 만드는
디자인빌드 교육의 실천

"저는 2013년, 미국 유타주의 블러프라는 작은 마을로 이주해 비즈니스 파트너이기도 한 남편과 두 딸, 강아지 한 마리와 함께 실천형 건축 교육 프로그램인 디자인빌드유타 블러프를 운영하고 있습니다."

12

MAKER 야마모토 히로코

유타주의 혹독한 자연환경 속에 자리한 아메리칸 원주민 거류지에서
20년에 걸쳐 이어지고 있는 실천적 건축 교육 프로그램 '디자인빌드유타 블러프
(DesignBuildUTAH@Bluff)'. 유타대학 학생이 직접 설계와 시공을 주도하며,
4개월 동안 현지에 머물며 건설한다. 이 프로젝트를 남편과 함께 운영하고 있는
야마모토 히로코는 '땀의 분담(Sweat Equity)'이 열쇠라고 여긴다. 의뢰인, 학생
등 관계자가 교육에만 그치는 것이 아니라 땀 흘려 함께 건축에 참여하는 것은
앞으로의 건축 공사가 지닐 본질에 중요한 시사점을 던지며 더 멀리 내다볼 수
있게 해 준다.

저는 나고야에서 나고 자라 고베대학에서 건축을 전공했습니다. 대학에서 제가 연구했던 주제는 주로 간사이 지역의 전통 건축이었는데 점점 기술자나 현장 조사, 지역의 건축으로 관심사가 옮겨 가 마침내 실천적 건축 교육의 세계로 발을 들였습니다. 학교 외부에서 실천형 워크숍에 참가할 기회를 얻어 건축가인 마루야마 긴야 씨, 미장 기술자인 구스미 나오키 씨의 가르침을 받았습니다. 여기에서 배운 다양한 지식과 경험을 다음 세대에게 어떻게 전달할 것인가 하는 질문을 일의 동력으로 삼고 있습니다. 대학을 졸업한 뒤 미국에 오기 전까지 회사에서 도쿄 신축 맨션의 건축 감리를 맡거나 현장 감독을 했는데요. 건축물을 짓는 작업이 너무 세분되어 제가 감당할 수 없기도 했고 건축주, 의뢰인, 설계자, 시공자 등 각 주체가 명확하게 입장이 갈린다는 점에서 한계를 느끼고 결국 실천적 건축 교육의 세계로 되돌아왔습니다.

나바호족 거류지의 아름답고 가혹한 환경

디자인빌드유타 블러프(DesignBuildUTAH@Bluff)는 유타대학 건축학부 대학원생을 대상으로 진행되는 프로그램입니다. 아메리카 원주민인 나바호족 중에는 주거 환경이 열악한 사람이 많은데 그들에게 주택을 제공하는 활동입니다. 학생은 설계부터 시공까지 모두 직접 주도하면서 타인과 협력해 어떤 것을 만들어 낼 수 있는지, 어떻게 작업을 즐기고, 어떻게 하면 사회를 위해 자신의 능력을 쓸 수 있는지를 배웁니다.

유타주는 미국의 중서부에 자리하고 있습니다. 유타주의 남동쪽 끝에는 네 개 주의 경계선이 맞닿는 '포코너스'가 있는데 블러프는 포코너스 근처에 있는 인구 200명의 작은 마을입니다.

한편 현재 미국 정부의 공식 인정을 받은 아메리카 원주민은 총 574개 부족이며 각 부족의 민족적, 문화적, 언어적 특징이 남아 있는 거류지로 총 229곳이 지정되어 있습니다. 그중 가장 규모가 큰 것은 나바호족의 거류지로, 블러프는 거대한 나바호족 거류지의 북쪽 끝 근처에 자리하고 있습니다. 저는 블러프를 거점 삼아 매일 나바호족 거류지 안에 있는 현장을 오갑니다. 학생들은 설계 단계에는 보통 솔트레이크시티에 있는 학교에 머물지만 시공 단계가 되면 블러프에 단기 이주해 와 함께 집을 짓습니다.

옆 쪽에서 보시다시피 이곳의 환경은 일본과 매우 다릅니다. 다른 행성으로 착각할 만한 경치를 매일 마주합니다. 북

그림 1. 집 밖에 펼쳐진 대자연   그림 2. 주말에는 지역의 문화와 역사를 배운다.

쪽으로 2시간 정도 달리면 아치스 국립공원이 있고 남쪽으로 2시간 반 정도 달리면 엔털로프 캐니언이 있습니다. 어디를 가든 드넓은 하늘과 널찍한 대지가 펼쳐져 있는 곳이지요.

나바호족 거류지는 인간의 손이 닿지 않은 자연 풍광을 감상할 수 있지만 생활하기는 녹록지 않습니다[그림 1]. 중부 지방과 필적하는 면적 안에 식재료나 일상용품을 판매하는 곳은 주유소까지 포함해도 전부 열 몇 군데밖에 되지 않고 당연히 설계사무소, 시공 회사, 건축 자재점도 모두 멀리 떨어져 있습니다. 저희 착공 현장 역시 도로도 없고 인프라도 전혀 없는 곳이 대부분이며 집이 준공되고 나서야 비로소 집주인이 지자체에 연락해 인프라를 신청합니다. 사람들은 대부분 외부에서 가져온 트레일러하우스에서 살고 있어 여러 가지 면에서 개신이 필요한 지역입니다.

집을 지으며 배운다

디자인빌드유타 블러프 프로젝트는 저희와 학생, 집주인이 팀을 이루어 진행합니다. 집주인이 지자체에 보조금을 신청하면 저희는 그 돈으로 건축 자재의 구매 비용을 충당합니다. 그 밖에도 건축 자재를 기부받거나 발주 오류로 남은 창호, 타일 등을 학생들과 함께 수집합니다. 많은 자원봉사자들에게 노동력도 제공받습니다. 지금까지 23채의 주택, 커뮤니티 시설, 10건의 소규모 설치 미술 작품을 만들었고 총 400명 정도의 학생이 참가했습니다[그림 2~그림 16].

프로그램을 통해 학생들이 배워 갔으면 하는 것은 네 가지입니다. 첫 번째는 팀워크(Teamwork)입니다. 함께 배우고, 일하고, 생활하면서 학생들은 좋든 싫든 팀워크를 구축하고 그 중요성을 배워 갑니다. 팀워크를 강화하기 위해 필요한 것이 다양성(Diversity)입니다. 되도록 다양성 있는 팀을 구성하기 위해 성별, 나이, 민족을 가리지 않고 모두 신청받고 있습니다. 아울러 이 프로젝트를 통해 집주인과의 소통, 지역 업체들과의 협의, 예산 계획이나 관리 등 건축과 관련된 모든

그림 3. 지역의 소재를 관찰한다.

그림 4. 학습한 문화, 소재를 창작품에 반영한다.

그림 5. 이전에 참가한 현장에 방문해 사과나무를 심는 학생

그림 6. 2007년에 수행했던 현장을 방문해 간단한 보수를 하는 학생

일을 배울 수 있도록 하고 있습니다. 문화(Culture)도 중요합니다. 지역에 뿌리내린 문화를 이해하고 존중하는 자세를 기르기 위해 이를 탐구하는 시간도 적극적으로 편성합니다. 마지막으로 지식의 공유(Shared Knowledge)입니다. 활동을 통해 경험한 것들은 가급적 모두와 공유하고 그 과정에서 받은 피드백을 바탕으로 프로그램을 개선합니다[그림 5, 그림 6].

집을 지을 때 중요하게 생각하는 디자인 콘셉트도 네 가지입니다. 우선 교육(Education)입니다. 학생들뿐만 아니라 집주인이나 집주인 가족, 자원봉사자, 지역 주민이 다 함께 배우는 기회로 만들고자 합니다. 따라서 참여한 모두가 준전문가가 되는 디자인이 될 수 있도록 힘씁니다. 두 번째는 생태(Ecology)로, 적은 에너지만으로도 살 수 있는 집, 유지 보수가 극히 적은 집을 추구합니다. 그러한 집을 만들려다 보면 자연스레 예부터 전해 내려오는 방법을 모색하게 됩니다. '여름에 어떻게 그늘을 만들고 어떻게 바람이 통과하게 할까'와 같은 문제를 디자인의 축으로 삼습니다. 세 번째는 건강(Health)입니다. 집을 통해 집주인에게 더 건강하고 건전한 라이프스타일을 제공할 수 있도록 아이디어를 쥐어 짜냅니다. 마지막은 경관(Scenery)입니다. 풍경에서 영감을 얻어 디자인에 반영함으로써 결과적으로 이 땅의 아름다움을 현지 주민들에게 재인식시키고 스스로의 삶에 자부심을 느끼는 계기를 선사합니다[그림 7, 그림 8].

프로젝트를 통해 건설하는 주택은 80㎡ 정도의 단층집으로 건설 비용은 약 7만 달러, 일본 엔으로 환산하면 1채당 약 1천만 엔이 조금 넘습니다. 그중 대략 2만 달러는 건축 자재 기부로 충당하고 나머지 5만 달러는 보조금을 사용합니다. 이 금액은 순수한 건축 재료 비용입니다. 수업으로 참가하는 학생과 자원봉사자들 덕분에 인건비는 거의 제로에 가깝기 때문에 낮은 비용으로 공사를 수행할 수 있습니다. 연간 스케줄을 살펴보면 먼저 봄에 저와 남편 두 사람이 프로젝트 준비를 시작합니다. 학생이 참여하는 시점은 5월부터로, 8월 상

그림 7. 2020년에 수행한 <Four Peaks> 설계 시공 주택은 코로나 대유행이라는 난관을 헤치고 완성되었다. 주변의 자연 풍광과 자연스럽게 어우러지는 디자인이 특징이다.

그림 8. 2021년 <Horseshoe> 설계 시공 주택에서는 온실을 처음으로 도입해 1년 내내 신선한 채소를 수확하는 환경을 만드는 것을 목표로 삼았다.

그림 9. 드론으로 내려다본 기초 공사 모습

순까지 이어지는 여름 학기 동안 나바호족 거류지가 어떤 곳인지 이해하고 기본 설계, 실시 설계를 완성합니다. 가을 학기가 되면 학생들은 블러프로 이주해 와서 4개월 동안 집을 한 채 짓습니다. 콘셉트를 정하는 첫 단계부터 집주인에게 열쇠를 넘기는 마지막 단계까지 학생 한 사람이 1년 안에 다 해내는 것이 특징입니다.

시공은 3주 동안 열심히 일하고 일주일 휴식하는 주기를 4번 반복합니다. 아침에는 일본의 국민 체조인 라디오 체조로 잠을 깨운 뒤 현장에 나가서 하루 종일 작업하고 저녁 식사는 돌아가며 준비해 다 함께 먹는 공동생활을 합니다. 저희 현장에는 기본적으로 도로도, 수도도, 전기도 없기 때문에 중장비보다는 모두의 인력에 의존합니다. 물론 레미콘 트럭도 오지 않기 때문에 기초 공사 때는 작은 혼합기를 사용해 콘크리트를 반죽하고 수레를 사용해 운반합니다[그림 9]. 벽을 세우고 지붕을 덮어 구조 공사가 끝나면 내장, 외장 공사를 진행합니다[그림 10~그림12]. 모든 것은 학생이 만듭니다. 끝 무렵이 되면 저희 스태프가 아무 말 하지 않아도 될 정도로 학생이 알아서 준비하고 주도적으로 행동하며 프로젝트가 끝날 때까지 정말 열심히 일합니다. 마지막으로 집주인에게 열쇠를 건네주고 눈물범벅의 축하 파티를 한 뒤 학생은 다시 도시로 돌아갑니다[그림 13].

그림 10. 구조 작업을 하는 학생

그림 11. 다 함께 프레임을 들어올리는 모습

그림 12. 지붕 마감 작업을 하는 학생

그림 13. 준공식(2022년) 모습. 인종, 나이에 관계없이 프로젝트에 참여한 많은 이들과 회포를 푼다.

집을 지었다고 끝나는 것이 아닙니다. 프로젝트별로 건축 도면은 물론 프로젝트와 관련된 상세한 사항(비용, 스케줄, 도구, 재료, 시공 방법, 유지 보수 방법, 사진)을 담은 300페이지가 넘는 '빌딩 저널'이라는 책을 만들어 집주인에게 전달합니다. 집주인이 집을 보수할 때나 리노베이션이 필요할 때, 누군가 같은 집을 만들고자 할 때 도움이 되도록 학생이 직접 만드는 자료입니다.

돈 대신 노력을 지불하는 '땀의 분담'

저희가 진행하는 프로젝트에서 가장 중요한 가치는 '노동자본(Sweat Equity)'입니다. Sweat은 땀을, Equity는 공평성 또는 평등한 기회를 의미합니다. 집주인이 돈이 아니라 노력을 지불하는 시스템을 중시하며 시공자와 의뢰인의 관계가 아니라 하나의 팀으로서 함께하는 시스템을 만들고자 합니다.

의뢰인인 집주인도 시공에 참여함으로써 새로운 집에 애착을 가질 수 있고 유지 보수 방법도 구체적으로 배울 수 있습니다[그림 14]. 'Engagement'라는 단어를 자주 쓰는데 참가자가 적극적으로 참여할 수 있도록 프로젝트를 구성했습니다. 스태프가 학생에게 방법을 전수하면 학생이 집주인이나 자원봉사자에게 알려주고, 다시 집주인이 가족들에게 방법을 가르쳐 줌으로써 지식이나 경험을 공유하고 서로 배워 갑니다[그림 15].

저희가 집을 짓는 지역은 특히 교육, 취업의 기회가 적고

그림 14. 부엌 내 콘크리트 카운터를 만들기 위해 현장에서 주운 돌을 늘어놓는 집주인 가족

그림 15. 이전에 함께했던 집주인이 다른 현장에 와서 지도하는 일을 돕고 있다.

소득도 낮아 주거 환경의 개선이 필요한 곳입니다. 생활 수준의 격차가 큰 미국에서는 어디든 빈곤과 차별 문제가 도사리고 있습니다. 그 격차를 어떻게 메꾸고 어떻게 하면 공평성을 높일 수 있을지를 생각해 보니 답은 땀에 있었습니다. 돈이 아니라 땀을 대가로 교환하는 일, 그것을 '노동자본'이라고 부릅니다. '노동자본'을 본격적으로 의도한 것은 2017년 무렵이었습니다.

디자인빌드유타 블러프는 NPO로서 2004년 무렵 행크 루이스 씨가 학생과 함께 첫 주택을 지었고 2013년부터 유타대학의 정식 수업으로 채택되었습니다.

미국과 유럽의 디자인빌드 역사를 살펴보면 주로 1980~1990년대에 시작된 경우가 많습니다. 1993년, 건축가인 사무엘 맥비 씨가 루럴 스튜디오를 창립합니다. 그는 1990년대에 앨라배마대학에서 미국 남부에 사는 흑인 빈곤층에게 디자인빌드 교육을 함으로써 주거 환경 개선에 힘써 온 인물입니다. 행크 씨는 이 활동에 무척 감명을 받고 사무엘 씨로부터 직접 유타의 나바호족을 대상으로 이런 활동을 해 보라는 조언을 받고 NPO 활동을 개시했습니다.

미국에서는 1960~1970년대에 일어난 베트남 전쟁을 계기로 반체제, 차별과 빈곤에 반대하는 저항 운동, 인간성 회복 운동이 퍼져 나갔고, 이런 배경 위에 1980년대 디자인빌드 활동이 생겨나고 그 성과가 언론의 주목을 받으면서 더 확산되었습니다. 제가 실제로 미국에서 경험한 바로도 2005년 태풍 카트리나로 인한 피해, 2008년 리먼 브라더스 사태 등 모두가 힘든 상황을 겪으면서 그 반동으로 회복하려는 움직임이 일어나 여러 가지 활동들이 전개되곤 했습니다.

건축가인 고야마 히사오 선생님의 가르침에 따르면 1875년 무렵 영국의 화가 존 러스킨은 부유층 자제였던 건축학도들이 직접 도로 공사를 하는 수업을 했습니다. 학생이 직접 몸을 움직이도록 하는 수업이 1875년에도 있었고 지금도 하고 있는 걸 보면 인간이 대대로 활용해 온 교육 방법이 아닐까 싶습니다.

블러프의 실천적 건축 교육은 NPO 시절부터 변함이 없지만 '땀의 분담'이라는 콘셉트를 도입하기 전에는 힘들게 지은 집임에도 집주인이 애착을 느끼지 못하고 방치된 적도 있었습니다. 집주인이 집을 사용하지 않는 문제는 이곳뿐만 아니라 미국의 다른 디자인빌드 교육에서도 관찰되는 현상으로, 언론에서 취재까지 나왔던 프로젝트가 10년 뒤에는 수풀로 뒤덮여 있는 경우가 종종 있습니다. 이는 애착이 생기지 않았다는 증거입니다. 저는 학생뿐만 아니라 집을 사용하는 사람에게 주인 의식을 심어 주는 것이 무척 중요하다고 생각합니다.

게다가 설계가 거창해지는 바람에 끝맺지 못한 프로젝트가 속출해 학생의 만족도가 높지 않은 일도 있었습니다. 따라서 2012년부터는 프로젝트를 완성하는 것을 최우선으로 두고 4만 달러 하우스(약 500만 엔)를 10채 정도 지었습니다.

이러한 문제가 해결되자 이번에는 학생이 프로젝트에 너무 집중한 나머지 현지의 역사, 문화, 사람과 교류할 기회가 없었습니다. 그래서 시공의 부담을 집주인과 함께 나누는 방안을 떠올렸습니다. 작업의 일부를 나바호족 집주인과 공유하면 대화가 잦아지고, 말도 익히고, 밥도 먹으며 서로의 역사와 문화에 흥미가 생기면서 팀워크도 좋아집니다. 아울러 집주인이 시공 방법을 이해하고, 향후 스스로 집을 유지 보수하겠다는 각오와 애착이 생깁니다. 집주인이 시공 작업에 참여하는 일이 늘면 여러 가지 문제(집을 사용하지 않는 문제, 작업이 끝나지 않는 문제, 부족한 교류, 유지 보수 지식 부족 문제 등)가 해결됩니다. 이처럼 조금씩 보완을 거치며 '땀의 분담'이라는 콘셉트를 완성했습니다[그림 16]. 일반적인 건축의 세계에서도 마찬가지지만 만드는 사람과 사는 사람 사이에는 벽이 있습니다. 저는 이러한 온도 차에 늘 찜찜함을 느끼고 있었는데 지역 주민들이나 의뢰인과 교류하면서 조금씩 변해 갔습니다.

그림 16. 집주인 부부가 현장 앞에서 자랑스러운 듯 포즈를 취한다. (2017)

그림 17. 지역 아티스트와 함께한 벽화 프로젝트

작은 씨앗을 뿌리다

지금은 대형 프로젝트 외에도 작은 씨앗을 뿌리고 있습니다. 예를 들어 흑인 아티스트인 칩 씨와 지역 주민들과 함께 벽화를 그리고[그림 17] 지역 초등학생들의 방과 후 활동 선생님을 자청해 아이디어를 2D, 3D로 표현해 보는 수업을 진행하거나 친구들과 무언가를 만들어 가는 즐거움을 알려주기도 하고, 지역 주민과 다 같이 공용 화덕을 만들기도 합니다[그림 18, 그림 19]. 아이들도 따라 할 수 있는 작업을 준비해 다 함께 즐길 수 있는 프로그램을 늘 찾아다닙니다.

조금 더 기술이 몸에 익으면 첫 DIY로 작은 트레일러하우스를 만드는 프로젝트를 진행하고[그림 20] 경험이 더 쌓이면 북유럽의 목조 프레임 기술을 이용해 지역 커뮤니티 정원에 사용할 햇빛 가리개를 만드는 등 레벨에 따라 일주일 혹은 주말 동안 프로젝트를 진행하면서 여러 가지 씨앗을 뿌리고 있습니다.

디자인빌드유타 블러프가 시작된 20년 전에는 지역 주민

그림 18. 각자 살고 싶은 집을 흙으로 만드는 초등학생들

그림 19. 다 함께 만든 커뮤니티 화덕

그림 20. 초보자 목공 교실에서 만든 트레일러하우스 프레임

들도 무언가 하려는 모양인데 뭘 하겠다는 건지 잘 모르겠다는 반응이 대부분이었지만 지금은 주민 모두가 이 활동을 알고 있고 다음에 어떤 프로젝트를 진행하는지 묻기도 하고, 새로운 소식을 궁금해하기도 하며, "콘크리트 카운터 탑 작업이 재미있을 거 같은데 가도 되죠?" 하고 적극적으로 참여해 줍니다.

마을에 대량의 일자리가 생기는 사업도 아니고 큰 변화를 가져다주는 일은 아니지만 현장에 가면 무언가 재미있는 일을 하고 있을 거라는 기대를, 졸업생에게나 지역 주민에게나 심어주고 싶습니다. 그러려면 항상 무언가를 만들고 있어야겠지요. 바라건대 블러프에 오셔서 저와 함께 이 프로젝트에 동참해 주실 뿐, 더 나아가 디자인빌드 교육을 이어가 주실 분이 나타나기를 기대하고 있습니다.

발로 하는 건축과 팔로 하는 건축으로
마을을 재생하다

"저는 인구위기·기후위기·지방위기 시대에 건축과 건축교육은 지향점이 달라져야 한다고 생각합니다. 근대건축이 빠른 시간 안에 많은 건물을 짓기 위해 '전업 건축설계자, 건축가'를 만들어냈다면, 빈집은 늘고 사람은 주는 오늘날은 설계·시공·운영·커뮤니티 빌딩·공간 브랜딩·도시기획·연구를 모두 하되, 작업 지역을 자기 동네로 집중시키는 '동네건축가'가 필요하다고 믿거든요. 우선 제가 그렇게 살아보고 있습니다."

13

MAKER 윤주선

동네건축가가 되기로 한 윤주선은 함께 짓기 DIT(Do IT Together) 마을재생, 건축재생을 이어가고 있다. 손수 짓는 시대의 건축가는 함께 짓는 현장의 조율자이자 기획자이며 소통가가 되어야 한다는 생각으로, 대전의 목수, 공무원, 디자이너, 예술가, 상인, 학생, 연구자, 정치인, 언론인들과 수시로 대화하고 교류하면서 동네 곳곳에 필요한 장소를 함께 만들고 운영한다.

발로 하는 건축

"이 작품은 황폐한 도시에 반짝이는 커뮤니티를…"

'…아, 이건 아니다.'

맞지 않는 양복 속에 담겨 비로소 확신했습니다. 이건 내 길이 아니구나. 2005년 LH 주택건축대전 대상을 받고 작품 설명을 하던 단상 위였습니다. 건축설계(와 술과 친구) 이외에 무엇 하나 중요치 않던 시절이었습니다. 졸업은 한 학기 남았고 방학이면 세면백 하나 들고 설계실에 들어가 학교 화장실에서 씻고 제도판 위에서 자던 시절이었습니다.

건축학과를 선택한 건 아파트도 마을이 될 수 있다 생각했기 때문입니다. '아파트 네이티브'인 저는 멋진 건축 디자인을 해내면 아파트 단지에도 근사한 커뮤니티를 만들 수 있다고 믿었습니다. 하지만 전국 학생공모전 1, 2, 3등을 연달아 수상하면서도 내 설계 작품 속에서 커뮤니티는 느껴지지 않았습니다. 어쩌면 답은 설계 밖에 있지 않을까? 답을 찾아 대학원에 진학했지만, 여전히 뚜렷한 방향을 찾진 못했습니다. 그러다 첫 여름방학인 2006년, SA건축학교 워크숍에 참가했습니다. 전국에서 모인 120명의 건축학도가 19개의 팀을 이뤄 순천을 분석하고 건축적 제안을 하는 행사였습니다. 당시 우리팀 튜터는 정기용, 조성룡, 민현식 소장님이었습니다. 다른 팀은 현란한 그래픽과 복잡한 데이터로 순천을 분석하는데, 정기용 소장님은 첫날부터 특이한 지령을 주셨어요.

"오늘부터 일주일간 아침 9시부터 저녁 9시까지 마을의 흥미로운 사람을 찾아 인터뷰하고 기록해 와라."

이게 맞나 싶었지만 일단 마을로 나섰고, 매일 학생, 경찰, 건달, 역무원, 미용사 등 다양한 사람을 만나 수많은 이야기를 들었습니다. 밤이 오면 튜터 소장님들과 노포에 들러 그날 들은 동네 얘기에 거나하게 취했고요. 그렇게 최종발표 날이 되니 '우리가 어느 팀보다 순천을 깊이 이해했구나!' 자부심이 생기더라고요. '커뮤니티는 폼나는 디자인이 아닌 사람에 대한 이해에서 시작하는구나.' 하는 것을 깨달았습니다.

그렇게 도면 너머 건축의 세계에 입문했습니다. 무작정 동네사람에게 말 걸고 다니고 저녁이면 함께 모여 술자리로 하루를 회고하는 현재의 DIT문화는 이때 다져진 게 아닌가 싶습니다. 이내 무어라 부르는지도 모른 채 이 분야를 깊이 파고들었고, 곧 '마을 만들기'라는 개념에 닿게 됐죠. 그렇게 2008년 2월 한국 건축학과에서 '마을 만들기'라는 제목을 붙인 첫 학위논문을 쓰고 졸업했습니다. 대상지 구석구석을 걷

2006 순천 SA 서울건축학교 당시 '말하는 건축가' 정기용 소장님 생일 잔치

무한 인터뷰의 굴레

고 흥미로운 사람에게 무작정 말을 붙여가며 아파트 마을 만들기에 대해 고찰한 '발로 쓴' 건축 논문이었습니다.

팔로 하는 건축

석사 졸업 후 첫 직장은 2009년 국책연구기관 국토연구원(KRIHS)이었습니다. 선배 박사님이 마침 올해 연구원 차원에서 사회봉사로 인근 동네의 마을 만들기 계획을 지원해 주기로 했는데, 네가 이 일을 한번 맡아보라고 하시더군요. 봉사활동이었기에 업무시간 이외의 시간을 써야 했는데, 마을 사람들을 만나고 동네를 관찰하는 데 재미가 붙어 매일 아침 7시면 대상지인 인덕원에 도착해 여기저기 걸어 다녔습니다. SA건축학교 때처럼 아무나 무턱대고 인터뷰했고요. 저녁이 되면 같은 팀 박사님들과 누굴 만났고 무얼 발견했는가에 대해 밤늦도록 토론했습니다. 그렇게 반년여의 현장연구와 문헌분석을 엮어 국토해양부의 '살고싶은 도시만들기' 사업 제안서와 발표 PPT를 썼고, 전국 1위로 선정됐습니다. 덕분에 봉사활동으로 시작한 일이 연구원 정식사업으로 채택

됐고요.

  이 예산으로 여름건축 캠프를 개최했습니다. 대상지는 송유관로 위 작은 부정형 대지였습니다. 미군 송유관이 묻히는 바람에 생긴 삼각형 모양의 자투리 땅에 불법주차, 쓰레기, 컨테이너 박스 때문에 보행로와 근린공원이 단절된 상태였죠. 여기를 포켓공원으로 바꾸면서 단절된 보행로와 공원을 잇는 커뮤니티디자인 프로젝트였습니다. 민족건축인협의회(민건협) 건축팀, 건축학과 학생들과 4일간 합숙하며 소공원을 설계했고, 마지막 날 안양YMCA, 주민모임, 동네 어린이들과 포켓공원을 직접 시공했습니다. 새벽까지 계속된 시공

마을 주민과 함께 디자인하고 시공한 포켓공원. 어두운 밤까지 건축학과 학생들과 온 동네 주민이 함께 작업했다.

2009 여름건축캠프 DIT 단체사진(뒷줄 왼쪽이 저자) 이 벤치는 타일을 너무 날카롭게 깬 바람에 결국 재시공했다.

(Before) 방치된 컨테이너와 쓰레기, 펜스로 끊긴 보행로와 공원, 2009년

(After) 공원과 길을 연결하는 길을 만들었고, 데크와 화단, 벤치가 생겼다. 2020년

은 모두를 흥분시켰습니다. 컴퓨터로만 건축 디자인을 하던 저도 콘크리트를 섞고, 흙을 푸고, 타일을 붙이는 '팔로 하는' 건축을 이때 처음 접해 봤어요. 동네가 하룻밤 사이 바뀌는 과정을 겪어보니 그 성취감은 이루 말할 수 없었습니다. 돌아갈 수 없는 길에 들어섰다는 것을 감지했죠. 건축설계 공모전에서 느끼지 못했던 커뮤니티를 발로 하고 팔로 하는 건축에선 온몸으로 느낄 수 있었거든요.

DIT begins

2014년 국비장학생으로 도쿄대에서 도시공학 박사를 받고, 국책연구기관 건축공간연구원(AURI)에 입사했습니다. 딱딱한 국가기관이었지만 운 좋게 현장연구를 지지해 주는 선배와 기관장을 연달아 만나 신나게 연구 모험을 이어갈 수 있었습니다. 조직 역사상 가장 많은 13개의 주의·경고장과 4년 연속 승진 실패를 겪기도 했지만요. 돌이켜 보면 '설레는 선례를 만들자'라는 신념으로 선례가 없는 골치 아픈 일들만 벌이고 일 년에 절반 이상 현장 출장으로 행정처리를 제때 못하는 말썽쟁이였습니다.

그러던 중 2018년 후쿠오카에서 절친한 구마모토현립대 정일지 교수의 소개로 스페이스 R 디자인(space R design)의 요시하라 카츠미(吉原 勝己) 대표를 만나게 됐습니다. 이때 일본 'DIY 리노베이션'을 처음 알게 됐습니다. 요시하라 대표의 리노베이션 박물관 '레이젠소(リノベーションミュージア

ム冷泉莊)'는 큰 충격이었습니다. '이렇게 힘 빼는 도시재생도 있구나. 다양성이란 심포니 같은 정교한 설계가 아니라 재즈 같은 시공 현장의 즉흥성에서 생길 수도 있겠군. 어쩌면 그동안 내가 좋아하던 일본 구석구석의 질릴 틈 없이 다양한 가게들은 DIY 리노베이션 문화 덕일지도 모르겠네.' 하고 생각했습니다.

이때의 답사에서 영감을 얻어 2019년 1년간 DIT(Do It Together) 연구를 시작했습니다. 'Do It'에서는 머리로만 생각하는 재생보다는 일단 손을 움직여 시작하는 실행력을, 'Together'는 혼자가 아닌 마을 사람들과 함께, 같은 관심사의 동료들과 함께 장소를 만드는 우정의 소중함을 생각하면서 DIT 마을재생이라는 이름을 지었습니다.

그러던 중 2019년 6월 재미있는 일이 생겼습니다. 일본의 DIY 리노베이션 연구 사례조사를 하다가 DIY 리노베이션을 다룬 단행본을 발견하고 바로 아마존으로 주문해서 책을 받아 들고 제 연구실로 돌아가는 길이었습니다. 마침 연구실 후배가 건축공간연구원에 첫 출근하는 날이어서 멀리서 걸어오더라고요. 제가 이런 재밌는 책을 발견했다고 책을 높이 들고 웃으며 말했더니 후배가 "어, 저 이 책 저자 알아요" 하더라고요. 신이 나서 복도에서 바로 연락처를 받아 연락했고 이번 주말에 찾아가도 되겠냐고 물어봤습니다. 그렇게 츠미키 설계시공사(つみき設計施工社)의 코노 나오(河野直) 대표와 만나게 됐습니다.

이치가와에서 만난 코노 대표는 자기 언어로 DIY 리노베이션의 재미와 의미를 얘기했고 자신의 동네에서 작업한 사례들과 지역의 DIY 동료들을 소개해 주었습니다. 모호하게 상상만 하고 있던 작업을 이미 10년 가까이 해 오고 있는 일본의 건축가를 만나니 뛸 듯이 기뻤습니다. 확신을 넘어 이건 무조건 해야겠다는 욕심이 생겼습니다. 같이 한국에서의 첫 DIT 워크숍을 열어보자고 제안했고, 2019년 12월 군산에서 첫 DIT 마을재생 워크숍을 열었어요. 오래 함께 작업했던 지역 기획자, 청년 목수들 모두 "내 돈 내고 남의 집 고치는 노가다에 누가 오겠냐"며 오더라도 절반은 중간에 도망갈 거라고 반대했었지만, 발로 하는 건축, 팔로 하는 건축의 힘을 체험한 저는 자신이 있었습니다.

군산에서 친해진 동료들에게 부탁해서 일단 신나 보이는 포스터를 만들어 보자고 제안했습니다. '어그로'죠. 이때 'DIT는 노동이 아닌 문화'라는 슬로건을 만들었어요. '막노동이라 불리며 마지못해 하는 험한 일'이 아닌 내 손으로 원하는 모양

2019년 제1회 DIT 페스타 포스터. 어떤 일을 하는 건지도 모른 채 무작정 신나는 포즈를 하고 있는 군산 친구들

제1회 DIT 페스타 미니게임으로 진행한 폐선박 고물상에서 쓸만한 보물찾기

을 만들 수 있는 즐거운 놀이이자 창의적 문화라는 거죠. 그래서 일본의 DIY 리노베이션에 비해 즐기는 분위기의 축제 같은 느낌으로 기획했습니다. 중간중간 커뮤니티 프로그램도 많이 집어 넣었고요. 그렇게 <제1회 DIT 페스타>의 워크숍은 경쟁률이 2.5 대 1을 넘길 정도로 시작부터 많은 관심을 받았고, 많은 분들의 도움으로 만족스러운 결과를 만들어 냈어요. 코노 나오 대표가 세세한 디테일까지 조언해 준 게 큰 도움이 됐습니다. 이때의 연구와 워크숍 과정을 엮어 2020년 3월 첫 DIT 단행본 『마을 재생 시공학 개론』을 냈습니다.

1회 DIT 페스타 기획팀(건축 디자이너, 건물주, 목수, 현장 연구자)

1회 DIT 페스타 작업반장 슈퍼워커 팀

사례수출국의 꿈

연구자 생활을 하며 오래 소망하던 꿈이 있었습니다. 마치 1세대 아이돌 그룹에 영어도 잘 못하는 해외파 멤버를 구색 맞추기로 끼워 넣듯 한국의 도시 정책보고서에는 해외사례가 공식처럼 한 장씩 들어가더라고요. 저도 사실 연구하며 일본 사례를 많이 언급했는데, 연구원 의사결정자나 공무원을 설득할 때 '일본에서는 이미 이렇게 하고 있습니다' 만큼 치

트키인 것도 없거든요. 우리보다 앞서 재생의 길을 떠난 일본 사례 공부를 마다할 이유는 없지만, 이제 한국도 구력이 쌓였으니 이쯤이면 한국의 마을재생 사례도 해외에 알리고, 한국 사례를 보러 해외에서 찾아오면 좋겠다고 생각했습니다. 그게 다른 나라의 선수들과 우리 선수들 서로가 교류하며 동반성장하는 길이기도 하고요.

작은 걸음이지만 조금씩 성과를 만들었습니다. 2020년 11월 코로나19가 한창이던 때 조금 큰 규모의 DIT를 구상했습니다. 당시 저는 군산시민문화회관에 세금 투입 없이 자체 수익으로 공공건축을 운영하는 국내 첫 PPP(Public Private Partnership)형 재생 기획을 하고 있었어요. 지방 노후 아파트 주거지 앞 2천 400평 건물을 전대(sublease) 없이 단독으로 운영할 팀을 찾는 게 쉽지 않았습니다. 건물의 잠재적인 매력을 널리 알리고 싶었습니다. 건물의 안 쓰던 근육을 써 보여 기획자들의 상상력을 자극하고 싶었고요. '공실이 넘쳐나는 지방 주거단지에 뻔한 공연장 건물을 어떻게 세금 없이 운영할 수 있겠어?' 라는 질문에 대한 답으로 꼭 공연장만이 아니라 다양한 쓰임과 활용법이 있을 수 있다는 것을 직접 사회실험(Tactical Urbanism)으로 보여주고 싶었습니다.

그리고 패배감마저 품고 있던 지방도시 청년들에게 행정이나 기업의 지원 없이도 단 며칠이면 근사한 장소 만들기가 가능하다는 자신감을 심어 주고 싶기도 했습니다. DIT의 핵심이 '지방도시에서 놀 것, 할 것, 볼 것이 없다면 직접 만들자! DIT로!'라는 '기세의 장소 만들기'라고 생각하거든요. 그렇게 오래 비어 있던 공연장 옥상에 스케이트 파크를 짓는 3박4일의 <그랜드 DIT 페스타(Grand DIT Festa)>를 열었습니다. 워크숍이 끝나고 나서 팀원들에게 수고했다는 한마디조차 뱉기 어려울 만큼 반년 가량 모든 에너지를 쏟아부어 몰입했던 프로젝트입니다. 감당할 수 없이 너무 큰 판을 벌인 건 아닐까 하루하루 전전긍긍했어요. 하지만 손을 써서 함께 만드는 에너지는 폭발적 희열이 있다, 기획자가 과정에서 100을 즐기면 참가자도 10은 즐기게 된다는 신조를 유지한 채 최대한 웃고 장난치며 준비했습니다. 감사하게도 모든 분이 정말 최선을 다해 함께해 주었습니다. 마지막 날 상상할 수 없는 너무도 근사한 모습들이 연출됐어요. 한 명씩 감동적 소감을 얘기하는데 제 순서에서 울음이 터질 것 같아서 그저 "감사합니다"라고만 말하고 눈물을 꾹 삼켰습니다. 지금이야 많이 익숙해졌지만 이때만 해도 이렇게 큰 규모의 DIT를 준비한다는 게 보통 일이 아니었거든요. 설움과 기쁨 그 사이 어디쯤에 있었던 것 같습니다.

이 프로젝트는 해외에서 관심을 받은 첫 DIT입니다. 일본, 미국의 대학과 학회에서 특강 요청을 여러 번 받았거든요. 특히 이 프로젝트로 미국의 전설적인 참여디자인 대부 헨리 쉐노프(Henry Sanoff)가 창설한 EDRA(Environmental Design Research Association)와 학부 시절 가장 취업하고 싶었던 뉴욕의 PPS(Project for Public Space)가 공동 주관한 그레이트

프랑스 까바농 벡티컬 팀과 함께 준비한 <2022 양동마차 DIT>

플레이스상(Great Places Awards)의 'Place Art' 부문에서 우수상(Honorable Mention)을 수상하기도 했습니다.

2022년, 2023년에는 프랑스의 카바뇽 베르티칼(Cavanon Vectical) 팀과 협업해 대전과 군산에서 DIT 워크숍을 열었습니다. 같은 생각을 지닌 다른 문화권 팀과의 협업은 참 신이 나더군요. 2023년에는 건축사사무소 SoA, 스튜디오 우당탕탕과 팀을 이뤄 베니스비엔날레 한국관 작가로 초대받았습니다. DIT 방법론을 활용해 인구감소, 기후위기 시대를 대비한 '만드는 DIT가 아닌 해체하는 DIT'를 준비했어요. 무동력 다인용 DIT 공구를 개발해 건물의 지붕을 DIT로 철거함으로써, 최소한의 노력으로 불필요한 대량의 빈집들을 자연으로 되돌려주는 '파괴적 창조'라는 타이틀의 전시였죠. 그

3일간의 <2020 Grand DIT Festa>로 만들어 낸 스케이트 파크

2023년 베니스비엔날레 「파괴적 창조」 전시 모습 (사진: 테크캡슐)

90년대부터 미군들과 어울리며 스케이트보드를 탔지만 제대로 된 스케이트파크가 없었던 군산 청년들을 위한 공공공간 만들기 DIT

리고 지금 이렇게 일본의 멋진 메이커 타입 건축가들과 함께 책의 한 챕터를 쓰고 있네요.

Team우당탕탕 begins

"저희가 일하는 방식을 되돌아보니 '우당탕탕'이란 단어가 떠올랐어요."

 2022년 여름 어느 오전, 연구원 '땡땡이'치고 카페에서 차를 마시며 같이 일하는 채아람 연구원이 말했어요. 그해 봄 제가 팀원들에게 말했거든요. "우리 이럴거면 같이 창업합시다!" 여전히 주민 인터뷰와 DIT기획을 하며 자정 이전에 퇴근하는 일이 없고, 일주일의 절반은 출장지에서 보내면서도 어쩐 일인지 저희 셋은 마음과 일머리가 잘 맞아 같이 성취하고 함께 억울해하고 서로 싸워가며 뜻을 모으고 있었습니다. 이렇게 합이 잘 맞는 동료를 다시 만나기 어려울 것 같다는 생각, 정규직이긴 했어도 이렇게 공공과 민간의 영역을 아슬아슬 넘나들며 현장연구를 이어가단 사고쳐서 짤릴 수도 있겠구나 싶은 걱정이 모여 동반 퇴사하고 사업을 해 보자는 제안을 한 것이죠.

 그리고 일 년뒤, 스튜디오 우당탕탕이라는 회사가 탄생했습니다. 대표는 채아람. 그런데 제가 배신을 했습니다. 예상에 없던 시나리오였는데, 마침 4년 연속 승진 실패 통보를 받은 어느 날 홧김에 충남대학교 건축학과 교수직에 지원했던 게 천운으로 덜컥 합격해 버린 거예요. 워낙 마을재생에서 지방대학교의 학교 밖 역할과, 발로 하고 손으로 하는 건축으로의 교육방식 변화에 관심이 많았던 지라 이렇게 된 이상 열광적인 뉴타입 교수가 되어보자 마음먹었어요. 그렇게 저희는 2025년 현재 충남대학교 건축학과의 연구실 '우당탕탕 Lab.'과 ㈜스튜디오 우당탕탕으로 법적·지분적·경제적으로는 어

4일간 길을 막고 다양한 문화행사를 펼쳤다.(After)

떠한 연결점도 없지만 자주 협업하며 DIT 프로젝트를 이어가고 있습니다. '우당탕탕'이라는 이름으로, 때로는 기존의 질서를 부수고, 약간은 바보 같은 상상력으로 우리의 세계관을 공유하면서 동네사람들을 감동시키는 일을 하면서요.

2022년 가을부터 상하관계에서 수평관계로 축이 변한 채 '팀 우당탕탕'이란 비공식 활동명으로 '어궁짝꿍 세미나', '궁동활동 파클렛', '대전 건물주 학교', '동네건축가 DIT', '테미수레 DIT', '고색기찹 DIT' 등등 연간 10회 이상의 DIT 프로젝트와 국제 협업 세미나를 벌이고 있습니다. 채아람 대표는 이제 말을 듣지 않아요. 팀원일 땐 몰랐는데 고집도 상당하더군요. 하지만 좋은 점도 많습니다. 채아람 대표가 고집을 피우는 지점은 더 친절하고 더 섬세하고 더 상세한 기획과 운

2023년 충남대 대학가 앞에 보행자 중심 워커블시티(Walkable City) 문화를 확산하기 위해 시도한 <대전 궁동 슛! 보타운 파킹데이(Bowtown Park(ing)Day) 2023 DIT>(Before)

2022년을 기점으로 DIT 기획자에서 DIT 참가자, DIT 시공자, DIT 튜터로 영역을 넓혀가고 있는 팀 우당탕탕

2024년 충남대학교 계절학기로 진행한 동네건축가 프로젝트(Before)

팀 우당탕탕이 만들고 있는 DIT 프로젝트와 Tactical Urbanism, PPP 프로젝트 영상은 이 QR코드로 자세히 볼 수 있다.

K-POPS(Kind-hearted Privately Owned Public Space)라는 인센티브 없이 공공목적으로 내어주는 공개공지 개념을 적용한 DIT로, 지역 주민들을 위해 언덕 위 파빌리온을 스튜디오 우당탕탕, 팀호트, 마계대학, 포머티브 건축사사무소, 충남대 건축학과 학생들과 함께 만들었다(After).

영으로 소심한 초보자도 겁을 먹지 않고 DIT에 뛰어들게 하고 싶은 영역이거든요. 딕분에 한층 넓은 스펙트럼의 DIT 동료들이 전국에 많이 생기고 있습니다. 앞으로 팀 우당탕탕 멤버가 더 늘고 다양해져서 각양각색의 DIT가 전국, 전 세계에 피어나면 좋겠네요. "Do It! Together" 합시다!

MAKER 10

사나다 준코 Junko Sanada
돌담 쌓기 학교 대표이사 / 도쿄공업대학 교수

도쿄공업대학대학원 박사 과정 수료. 공학 박사. 베네치아건축대학 객원 연구원(2015). 도시계획사를 연구하던 학창 시절에는 사료에 파묻혀 사는 연구자가 되고 싶었지만 2007년 도쿠시마대학 부임 후 돌담 쌓기를 접하면서 수련을 시작했다. 2013년 '돌담 쌓기 학교'를 설립했다. 2020년에는 돌담 쌓기 학교를 일반사단법인으로 등록하고 대표이사로 취임했다. 주요 저서로『바람직한 도시 녹지란 무엇인가』(기호도 출판),『누구나 할 수 있는 돌담 쌓기 입문』(농산어촌문화협회, 토목학회 출판문화상 수상),『풍경을 만드는 법』(농산어촌문화협회) 등이 있다. 전문 분야는 도시계획사, 녹지계획사, 경관공학, 농촌계획, 토목사, 돌담 쌓기다.

MAKER 11

히라노 도시키 Toshiki Hirano
도쿄대학 특임강사

1985년생. 2009년 교토대학 건축학과 졸업. 2012년 프린스턴대학 건축학부 석사 과정 수료 후 레이저+우메모토(Reiser+Umemoto) RUR DPC에서 근무했다. 2016년, 도쿄대학 건축학 전공 박사 과정을 수료했다. 2017년부터 도쿄대학 조교로 근무했고 2020년 부터는 특임강사로 일하고 있다. 세키스이 하우스-구마랩(SEKISUI HOUSE-KUMA LAB)에서 디렉터를 맡고있다. 작품으로는「Reinventing Texture」(2021, 런던 디자인 비엔날레 2021 전시),「Ontology of Holes」(2016, 야마모토겐다이 전시) 등이 있다.

MAKER 12

야마모토 히로코 Hiroko Yamamoto

유타대학 강사 / 디자인빌드유타 블러프 공동 디렉터

아이치현 출생. 고베대학 재학 시절부터 건축가인 마루야마 긴야, 미장 기술자인 구스미 나오키가 주최하는 건축 워크숍에 참가해 동료들과 함께 손을 움직여 가며 무언가를 만드는 일의 매력을 알았다. 대학원 졸업 후 부동산 건설업에 수년간 근무한 다음 건축 워크숍을 위해 해외로 떠났다. 2011년, 미국 유타주에 있는 디자인빌드블러프에서 일할 기회를 얻었고 현재는 남편인 야마모토 아쓰시(山本篤志)와 함께 유타대학에서 해당 프로그램을 운영하고 있다. 인구 200명이 조금 넘는 미국 남서부의 작은 마을 블러프에서 두 아이와 강아지 한 마리를 기르며 아메리카 원주민인 나바호족의 붉은 대지에서 재미있는 건축 교육을 위해 온 가족이 분투하고 있다.

MAKER 13

윤주선 Yoon Zoosun

충남대학교 건축학과 교수

건축의 업역을 확장하는 동네 건축가. 건축·마을 재생과 더불어 건축가 개념의 재생에 관심이 있다. 연구자로서는 '보는 연구'가 아닌 '해보는 연구'를 지향한다. 2018년부터 '잇는 건축가'를 다루는 건축외계(建築外界) 세미나를, 2019년부터 '짓는 건축가'를 다루는 DIT(Do It Together) 워크숍을 기획해 왔다. 현재 충남대학교 건축학과 교수로, 행동하는 도시건축 집단 '우당탕탕 Lab'을 이끌고 있다. 동네의 창의적 메이커, 공간 운영자를 존중하고 그들과의 협업을 통해 크고 작은 도시 공간환경의 개선을 이어가고 있다.

'건축물을 만드는 일'을 만들다

코노 나오

2010년, 대학원을 갓 졸업한 나는 그 어떤 설계 아틀리에나 건설회사에도 취직하지 않은 채 무모하게도 '설계시공사(Design & construction company)'를 차리기로 결심했다. 설계자와 시공자 양쪽에 대한 이해를 갖고, 초보자라도 함께 힘을 합쳐, 실제 건축 공간을 내 손으로 직접 만들고 싶었다. 시공사무소를 차리는 일 외에는 이를 실현할 수 있는 이렇다 할 선택지가 딱히 떠오르지 않았다. 그리하여 참여형 리노베이션[1]을 전문적으로 수행하는 작은 설계시공사무소 '쓰미키'가 문을 열었다[그림1].

다행히 14년이 지난 지금까지도 당시 고안했던 '건축물을 만드는 일'로 먹고살고 있다. 요즘은 쓰미키 설계시공사무소의 일과 함께 건축물을 '만드는' 일에 초점을 맞춘 시리즈 강연

---

1 참여형 리노베이션이란 주택, 상가, 공공 시설을 설계자, 기술자, 거주자가 서로 배우고 함께 만드는 리노베이션을 뜻한다. 작업이 끝난 현장의 일부를 DIY 워크숍 장소로 개방해 함께 배우고 새로운 것을 창조하는 공간으로 만들었다.

그림 1. 쓰미키 설계시공사무소 창업 당시 찍은 단체 사진

에도 참여하고 있다. 바로 이 책의 바탕이 된 '만든다는 것은' 이다. 되돌아보면 이러한 활동의 원점에는 14년 전의 결단이 있었다. 당시 26살이었던 나는, 왜 '건축물을 만드는 일'을 직접 만들기로 했을까? 옛일을 되돌아보며 생각해 보고자 한다.

건축물을 '만드는' 근원적 체험, 근본적 체험과 '만들지 않는' 대학 교육을 향한 의문

건축물을 '만드는' 일을 처음 접한 것은 교토의 작은 설계사무소에서 아르바이트를 했던 대학교 2학년 때였다. 처음 한 달은 트레이싱지에 도면만 그렸지만 머지않아 사무소가 수행하는 상가 주택 개보수 현장에 드나드는 기술자의 보조 작업을 담당하게 되었다. 현상 청소, 목재 가공 및 운반, 흙벽을 긁어내고 다시 세우기, 흙벽이나 회반죽 초벌칠, 벽에 못 박기 등 다양한 시공 업무를 경험했다. 당시 나에게 가장 많은 일을 알려준 사람은 유명 시공사무소에서 기초를 익히고 이

제 막 독립한 목수 사가라 마사요시(相良昌義, 현 사가라 시공사무소 대표) 씨였다. 일은 체력적으로 힘들었지만 내 손을 거쳐 매일 무언가가 완성되어 가는 것이 즐거웠다.

대학교에서는 2학년이 되면서 설계 실습수업도 시작됐다. 실습수업에서는 '새롭고 재미있는 건축물'이 '우수 작품'으로 좋은 평가를 받았다. '우수 작품'으로 뽑히기 위해 모형 만들기와 도면 그리기에 몰두했다. 3학년이 되자 수업과 현장 일을 병행하기가 어려워졌다. 1년 가까이 계속했던 현장 아르바이트를 그만둔 뒤에는 대부분의 시간을 친구들과 제도실에서 지냈다. '새롭고 재미있는 건축물' 생각으로 머리가 가득 차 있었다. 친구와 짝을 이뤄 설계 아이디어 공모에 참여해 당선되기도 하고 떨어지기도 했다.

그러던 중 제도실에서 평소처럼 대화를 나누다 툭 튀어나온 한마디가 내 마음에 동요를 일으켰다.

"왜 새로운 건축, 재미있는 공간을 추구해야 하는지 모르겠어"

같은 학년 친구이자 쓰미키 설계시공사무소를 함께 설립한 아내 모모코(桃子)가 문득 꺼낸 말이었다. 모모코의 질문에 답을 하려고 했지만 머릿속에 답변할 만한 논리가 없다는 사실을 이내 깨달았다. 지금껏 없던 건축이나 공간을 추구하는 자세는 칭찬받아 마땅하며 결과적으로 새로운 건축 공간이 탄생한다는 것은 멋진 일이다. 하지만 그건 건축이 만들어내는 성과의 한 가지 측면에 불과하지 않을까. 우리가 마주해야 할, 더 커다란 질문이 있을 것 같다는 생각이 들었다.

'건축을 통해 어떻게 사람을 행복하게 할 수 있을까?'

이런 의문이 머릿속에 떠올랐을 때 현장에서 했던 아르바이트가 생각났다. 현장의 '만드는' 일은 특정한 누군가를 위한 일이었다. 그 집에 살 가족을 상상하는 것이 일의 원동력이었다. 한편 대학에서 했던 설계 실습은 실제 건물을 '만들지 않는다'는 것이 전제였다. 실제로 만들지 않기 때문에 자유로운 발상이 가능했지만 그렇게 그린 설계안이 '누구를, 무엇을 위한' 것인지는 명확하지 않아도 되었다. 설명할 필요가 있을 때는 '꾸며내면' 그만이었다. 누군가를 떠올리며 만들어 내는 즐거움과 대학에서의 만들지 않는 건축 교육의 사이에서 발생한 작은 모순은 마음속에 위화감으로 남았고 대학원을 졸업할 때까지 해소되지 않았다.

취직을 포기하고 '함께 만드는' 시공사무소를 차리다
대학원을 졸업한 뒤, 도쿄에 있는 설계 아틀리에나 대형 설계사무소에서 인턴 생활을 했지만 보람을 느끼지 못하고 몇 주만에 그만뒀다. 같은 시기, 아내 역시 구직 활동을 그만두면서 둘 다 백수가 되었다. 도쿄의 셋방에서 우리는 건축을 통해 무엇을 하고 싶은지 오랫동안 고민했다.

노트에 '함께 만드는 즐거움'이라고 썼을 때 내가 하고 싶

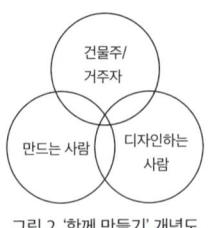

그림 2. '함께 만들기' 개념도

은 것은 이걸지도 모르겠다는 생각이 들었다. 바로 설계자, 기술자, 의뢰인이 서로 배우며 함께 만들어 가는 건축. 우리는 의뢰인 참여형 리노베이션을 전문으로 하는 건축 회사를 세우기로 했다[그림 2]. 하지만 그러기엔 우리가 지닌 시공 지식이 너무 부족했다. 교토에 있을 때 내게 많은 것을 알려 주었던 사가라 씨에게 몇 년 만에 전화를 걸었다. 우리의 아이디어를 설명하고 도움을 받을 수 있을지 물었다. "재미있네. 같이 해 보자." 한마디로 승낙해 주었다.

얼마 후, 우리는 사가라 씨가 교토를 떠나 새로운 활동 거점으로 삼은 지바현 이치카와시로 집을 옮겼다. 2010년 7월부터 '함께 만드는 작은 시공사무소, 쓰미키 설계시공사무소'라는 간판을 내걸고 활동을 개시했다. 홈페이지를 만들고 명함

그림 3. 양과자점 공사 모습

그림 4. 가게 주인인 의뢰인도 미장 공사를 도왔다

도 수백 장이나 돌렸지만 일이 한 건도 들어오지 않아 아르바이트로 생계를 유지했다. 첫 계약을 맺은 건 사무소를 차린 지 6개월이 지나서였다. 도쿄에 있는 어느 단독 주택의 현관 중 대략 다다미 한 장 넓이만큼을 양과자점으로 리노베이션하는 일이었다. 의뢰인과 몇 번이나 다듬어 낸 설계안을 바탕으로 사가라 씨가 주요한 목공사를 진행하고 우리 둘과 의뢰인이 내장 공사와 사소한 작업을 맡았다[그림 3]. 공사 기간은 지연됐고 기술자들과 이웃들의 항의를 받기도 했다. 한 달이 채 안 되어 작은 양과자점이 완성되었다. 머리로 그리던 '건축물을 만드는 일'이 처음으로 실현된 순간이었다. 생각처럼 공사가 진행되지 않아 고생도 많았지만 의뢰인과 가족, 목수, 설계자가 한마음이 되어 공간을 완성했다는 성취감이 마음을 가득 채웠다[그림 4]. 준공 다음 날 나는 쓰미키 설계시공사무소의 블로그에 요즘도 가끔 읽곤 하는 말을 적었다.

"집을 만드는 일에는 즐거움이 넘친다. 그 즐거움은 집 짓기에 관여한 모든 사람이 나눌 수 있다."

'함께 만드는' 건축의 확장
이렇게 참여형 리노베이션이 실현되었다. 의뢰만 있다면 간토 지역 어디든 갔다. 공사에는 의뢰인뿐만 아니라 가족이나 친구, 지역 주민들도 참여했다. 참여형 리노베이션을 통해 공간과 사람, 사람과 사람의 끈끈한 유대가 생긴다는 사실도 알게 되었다. 회사를 차린 지 5년 정도 지났을 무렵, 그 효과를 더 확실히 실감하려면 지역 범위를 한정할 필요가 있다는 생각이 들었다. 우리가 사는 마을로 범위를 좁히면 공사를 하면서 생겨난 '유대감'이 일상생활에서도 계속 이어질 수 있지 않을까, 우리도 그러한 일상의 일부가 될 수 있지 않을까 싶었다. 2015년에는 블로그, SNS, 홈페이지 등을 통해 이치카와시에서 집중적으로 참여형 리노베이션을 수행하겠다고 선언했다. 아래에 이치카와시에서 수행했던 프로젝트 중 몇 가지를 소개하고자 한다.

<123 빌딩>은 2015년 이치카와시에 처음으로 오픈한 한 동짜리 공유 아틀리에다. 이치카와시의 이웃 도시 마쓰도시를 거점으로 하는 오무스비(omusubi) 부동산과 협업해 10년 가까이 비어 있던 3층 건물을 새단장했다. 청소, 공용부 내장 공사 및 수리를 워크숍 형식으로 실행했다. 오픈 후에는 시내 근교의 크리에이터, 아티스트들이 입주해 늘 만실이다[그림 5].

무스히(MUSUHI) 프로젝트는 쓰미키 설계시공사무소의 첫 신축 참여형 프로젝트이다. 1층에는 접골원, 2층에는 커뮤니티 공간이 있다. 지금 이곳에 모여드는 사람은 물론 20년 뒤 이곳에 모여드는 사람도 애착을 느낄 수 있는 건축물은 어떤 곳일까 고민하며 커뮤니티 관계자 수십 명과 함께 파사드를 설계했다. 소재를 찾는 일부터 찾아낸 소재를 다양한 방식으로 콜라주하는 실험적인 디자인 워크숍을 1년 이상 개최했다. 시공 단계에도 평일 오후 DIY 워크숍을 연이어 개

그림 5. <123 빌딩>의 마르셰 이벤트   그림 6. <P 하이츠> 시노다 씨의 지도 아래 실시한 마루깔기 워크숍

최하는가 하면 주말에는 내·외장을 DIY로 채색하는 워크숍을 거듭하며 건물을 완성했다.

<P 하이츠>는 무스히에서 도보 3분 거리에 위치한 임대 맨션으로, 지은 지 40년 된 건물이다. 지금까지 맡았던 4건의 주택 리노베이션 공사에서는 새로 입주하는 가족을 맞이하기라도 하듯 같은 맨션에 사는 아이들이나 그 부모들이 DIY 작업을 돕기 위해 꾸준히 현장을 찾아주었다. DIY 외 목공 작업은 주로 시노다 고지(忍田孝二) 씨가 담당했다. 시노다 씨의 작업을 옆에서 지켜보고 때로는 직접 배우면서 쓰미키 직원들도 워크숍 참가자들도 시공 기술에 관해 많은 것을 배웠다[그림 6].

현재는 <P 하이츠>에서 도보 10분 정도 거리의 주택가에 있는 <세키스이하이무 M1 주택>에서도 참여형 리노베이션 사업을 진행하고 있다. <세키스이하이무 M1 주택>은 약 50년 전에 지어진 철골 유닛 주택이다. 의뢰인인 미나토 아사미(湊麻未) 씨는 세 자녀의 엄마이자 아티스트다[그림 7]. 색깔과 형태에 관한 미나토 씨의 유니크한 감성을 내외장 이곳저

그림 7. <세키스이하이무 M1 주택> 의뢰인인 미나토 씨(우)와 세이야(誠也) 씨(좌)

그림 8. 한국에서 실시한 DIY 워크숍. 현지 주최자인 윤주선 교수(우)와 나(좌)

곳에 흩뿌리듯 설계를 진행했다. 이치카와시와 주변에 사는 친구들이 거의 매주 DIY 작업을 도와주러 와서는 은색, 원색 등 다양한 색깔의 페인트로 집안 곳곳을 칠했다.

2024년 5월 현재까지 이치카와시 안에서 수행한 참여형 리노베이션 건수는 60건에 달한다. 현장 워크숍에는 매번 찾아오는 단골손님도 많다. 60건 중 40건은 상가이고 90% 이상이 지금도 장사를 하고 있다. 함께 만드는 동안 생겨난 공간을 향한 애착이나 사람들과의 유대감이 그곳이 오랜 시간 사랑받는 장소가 되는 데 조금이라도 기여했기를 바란다.

함께 만들기를 전 세계에 전파하다

최근에는 이치카와시에서 수행하는 활동들과 병행해 '함께 만들기' 모델을 전 세계에 전파하는 일에도 도전하고 있다. 2019년부터는 한국에 DIY 워크숍을 보급하는 일을 윤주선 교수와 함께 추진하고 있다. 군산에서 진행한 DIY 워크숍에는 전국 각지에서 사람들이 찾아와 '함께 만들기'가 국경을

그림 9. '더 레드닷 스쿨 2023'의 가을 워크숍 해체 실습

그림 10. 핸디하우스 프로젝트. 가토 씨가 일하는 현장(사진 제공: 가토 게이이치)

넘어 전 세계로 전파될 수 있겠다는 것을 실감했다[그림 8]. 아울러 2023년에는 히로시마현 미하라시와 사기시마섬에 거점을 둔 사단법인 더 레드닷 스쿨을 설립하고 국내외 대학생을 위한 건축 디자인빌드 교육을 시작했다[그림 9]. 첫해에 실시한 몇 차례의 워크숍에서는 6개국 100명 정도의 학생을 사기시마섬으로 초대해 참여형 건축 해체 공사 및 시공 등의 작업을 함께했다.

'만들기'를 되찾은 세대

쓰미키 설계시공사무소를 개업한 지 얼마 지나지 않아 '만드는' 일을 건축 활동의 근간에 둔 또래가 있다는 사실을 알게 되었다. 이 책에 등장하는 리빌딩 센터 재팬의 아즈노 다다후미 씨와 니시치바공작실의 니시야마 메이 씨 같은 실천가들 외에도 개인적으로 큰 영향과 자극을 준 인물이었다. 가토 게이이치(加藤渓一) 씨는 '상상에서 준공까지'를 모토로 의뢰인 참여형 설계 시공 공사를 수행하는 건축가 집단 핸디하우스

그림 11. 파리 건축 공사 현장. 가장 왼쪽이 미야하라 씨(사진 제공: 미야하라 쇼타로)

그림 12. 마루모 공방 가나자와 씨의 미장 워크숍

프로젝트의 창립 멤버이다[그림10]. 대학에서 건축을 공부한 뒤 아틀리에 근무를 거쳐 핸디하우스 활동을 시작한 그는 2011년 당시를 되돌아보며 "설계자, 의뢰인, 시공자의 피라미드식 계층 구조에서는 누구도 행복하지 않다. 거만한 설계자가 되기보다는 재미있게 건축을 하고 싶었다"라고 말했다. 미야하라 쇼타로(宮原翔太郎) 씨는 오노미치의 빈집 재생 현장에서 일한 뒤 일본 전역에서 파티를 하며 빈집을 수리하는 '파리 건축' 활동을 2014년부터 시작했다[그림11]. 그는 "작업 중인 현장 곳곳은 매력을 품고 있고 그런 만큼 사람들이 모이는 계기가 될 수 있다. 사람이 모이는 장소만 만들 수 있다면 우리는 살아갈 수 있다" 하는 생각으로 활동을 시작했다고 한다. 가나자와 모에(金澤萌) 씨는 대학 졸업 직후부터 일을 가르쳐 주었던 미장 작업반장님에게서 2013년에 독립했다. '미장 작업을 더욱 친근하게'라는 테마로 타일 붙이기, 미장 작업의 DIY 워크숍을 주최한다[그림12]. '만드는' 일의 가치를 되돌아 보고 '만드는' 행위를 자신의 손에 되찾아 그 매력을 사람들에게 알리는 그들의 활동에 진심으로 공감했다. 동시에 '또래의 선구자들에게 질 수 없지' 하고 자극을 받기도 했다.

시리즈 강연 '만든다는 것은'

쓰미키 설계시공사무소를 설립한 지 10년 이상이 지난 2021년 봄, 도쿄대학 곤도 준교수님으로부터 건축물을 '만드는' 일을 테마로 연속 강의를 진행해 보지 않겠냐는 제안을 받았다. '건축물을 만드는 일'을 하고 있는 또래나 선배들의 얼굴이 떠올랐다. 학창 시절부터 지금까지 무엇을 생각하고 어떤 활동을 하고 어떤 목표를 가지고 있는가. 그들의 생생한 이야기를 현재 건축을 공부하는 학생들이나 건축 분야에서 일하는 이들에게 전하고 싶었다. 강연 제목을 '만든다는 것은'으로 정한 이유는 책 앞단의 '살기 위해 만든다, 만들기 위해 산다'(10쪽)에서 확인할 수 있다.

- 왜 건축물을 손수 만들기로 했을까? -

이 책에 등장하는 13명의 인물은 틀림없이 전혀 다른 대답을 내놓을 것이다. DIY가 대중화되고 기술자 부족 현상이 심화되는 상황에서 '건축물을 만드는 일'의 존재감은 앞으로 급속하게 커질 것이다. 13명의 실천가가 개척해 온 생활양식, 업무 방식이 앞으로의 건축 세계에서 살아남는 힌트가 되길 바란다.

지금 왜 '만들기'에 주목하는가

곤도 도모유키

위기감과 폐쇄감

2001년, 건축가 이시야마 오사무는 "건축가는 자신의 시공 사무소를 차릴 수밖에 없다"라고 썼다.[1] 이것은 생산 수단을 갖추지 않은 건축가의 위기감이자 위기감 없는 건축가를 향한 도발이기도 했다. 일본 주택지 풍경의 일부를 담당하는 주택 건설업자 제공 단독 주택이나 부동산 개발 회사 제공 아파트, 혹은 창문·외벽 등 각 주택의 구성품에 건축가가 나서서 변화를 주도하는 일은 상상하기 힘들어졌을 뿐더러 기술자 부족 현상이 심화되는 가운데 건축가가 설계를 하더라도 예전처럼 정성스럽게 시공해 줄 이가 있을지에 대한 초조함이 있었다.

그로부터 20년 정도가 지난 지금, 조금 다른 태도로, 스스로 '만드는' 일에 나서는 건축가가 하나둘 눈에 띄기 시작했

---

1 이시야마 오사무 「건축가가 주택에 관여하는 일의 가치」 『GA JAPAN』 No.49, 2001.3, 82~85쪽

다. 어떤 건축가는 미장 작업을 도맡는가 하면 다른 건축가는 타일을 굽는다. 해체한 건축 재료를 모아 무언가를 제작하는 거점을 만들고 건축적인 배경지식 없이도 리노베이션을 통한 지역 재생 시스템을 구축한다. 이처럼 본인이 만들고 싶은 것이나 공간을 직접 창조해 내는 자연스럽고 날 것 그대로의 태도야말로 이시야마 세대의 위기감과는 다른 점이다.

호모 파베르(도구의 인간)라는 말처럼 많은 사람은 선천적으로 만드는 것을 좋아한다. 목수는 초등학생의 장래 희망으로 늘 손가락에 꼽히는 직업이다. 건축가도 마찬가지다. 그러다 중학생이 되면 목수는 장래 희망 순위 10위 밖으로 사라진다. 초등학생 때만 해도 침대 시트를 창틀과 침대에 빨래집게로 고정해 텐트처럼 만들거나 종이 상자로 소파 뒤에 지붕을 만들고 구멍을 뚫어 빛이 들어오는 걸 관찰하는 등 스스로 공간을 만든다. 손을 움직여 공간을 만드는 일에 매력을 느끼기 때문일 것이다. 그런데 왜 중학생이 되면 그러한 행동이 줄어들까? 물론 위치가 달라진 탓도 있겠지만 지붕 만들기에서 '원하는 공간을 스스로 만드는' 창의성이 '설계자가 지시한 대로만 만드는' 작업의 일부로 이미지가 바뀌어서 그런 것은 아닐까? 게다가 그다지 좋은 대우를 받지 못한다는 이미지 탓인지 1980년 일본 전역에 90만 명 있던 목수는 2020년에 90만 명의 3분의 1인 30만 명까지 감소했으며 그나마도 반 이상은 50대 이상으로 고령화가 진행되고 있다.

중학생 장래 희망 순위에서도 10위 안에 살아남은 건축가는 어떨까? 최근 여러 대학의 건축학과가 건축학부로 격상되는 움직임에서 엿볼 수 있듯 학생 수가 감소하는 추세 속에서도 건축학을 공부하고 싶어 하고 건축가를 꿈꾸는 학생은 많다. 건축가는 창의적인 동시에 사회에 영향을 주는 직업이라는 이미지가 있다. 의식주와 관련 있는 일이다 보니 예술가처럼 먹고살기 힘들 것 같지도 않다. 다만 신입생 면담 시간에 학생들의 자기소개를 들어 보면 "호락호락하지 않다고 들었지만 열심히 해 보겠습니다", "제도실에서 밤샌다고 들었지만 최선을 다하겠습니다" 하고 묘하게 결의에 차 있는 점이 눈에 띈다. 실제로 밤새워서 작업하는 학생들도 있다. 여기에는 1급 건축사 자격 요건을 만족하기 위해 이수해야 하는 과목이 많은 탓도 있지만 건축 설계에는 예술적, 창의적인 측면이 있기 때문이다. 제출 전날 도면과 모형이 다 준비됐어도 마지막까지 완벽을 기하기 위해 밤새워 모형을 더 다듬는다. 마감일을 일주일 더 늦추더라도 아마 마찬가지일 것이다. 자발적으로 이렇게 한다면 큰 문제는 없겠지만(건강이 최우선이라는 대전제가 있지만) 아무리 예술이라도 누가 강제하는 사항이라면 정신적으로 힘들 것이고 설계는 힘드니 다른 분야로 옮겨야겠다는 이야기도 나온다. 회사의 노예 못지않은 건축의 노예라는 말도 있다. 영어로는 'Architorture(torture는 고문이라는 뜻이다)'라고 한다. 영국에서는 건축을 공부하는 학생 4분의 1이 정신 질환을 앓고 있다는 기사도 나온 적이 있다.[2] 겨우 들어간 설계사무소에서 열정을 착취당하는 젊은이들의 이야기도 자주 듣는다. 현장 기술자든 건축가든 기대하던 창의성이나 주체성이 자기도 모르는 사이 빠져나가 버린 듯한 답답함에 폐쇄감을 느낀다.

이러한 폐쇄감에는 더는 예전처럼 건축물을 많이 짓지 않는 시대적인 배경도 있을 것이다. 현재 일본에는 주택 전체 수의 대략 7분의 1에 달하는 900만 호의 빈집이 있고 앞으로도 인구는 점점 줄어들 것이다. 지자체는 이미 많은 공공시설을 소유하고 있고 노후화된 건물도 많지만 재정난으로 다시 짓기는커녕 유지 관리조차 힘든 경우도 있다. 심지어 돈을 내고 수주하는 마이너스 입찰까지 등장했다.[3] 이처럼 건물이 남아도는 상황에서 신축 건물을 짓는 것이 사회적으로 바람직한 일인지 의문을 품는 사람도 생기고 따라서 거대한 신축 건물을 짓는 일은 시간이 갈수록 줄어들 듯하다. 도제 시절을 거쳐 주택 설계로 데뷔한 뒤 커다란 건물을 짓는 건축가. 말단 시절을 거치며 기술을 몸에 익힌 뒤 독립해 작업을 진두지휘하는 기술자. 날로 인구가 줄어드는 상황에서 이러한 핑크빛 미래를 기대하기 힘들어진 것은 물론 흔히 말하는 핑크빛 미래가 과연 바람직한 것인지조차 불분명해졌다. 이처럼 기존의 건축 생산 방식에는 폐쇄감이 감돈다.

---

2 이시야마 오사무 「건축가가 주택에 관여하는 일의 가치」, 『GA JAPAN』 No.49, 2001.3, 82~85쪽
3 「마이너스 입찰」과 토지의 가치(『니혼케이자이신문』 2019년 3월 25일 자 조간)

현대 사회에 걸맞은 새로운 건축

이 와중에도 새로운 건축을 모색하는 사람들이 있다. 현재 그러한 움직임이 가장 활발한 분야는 정보화 기술을 사용하는 컴퓨테이셔널 디자인과 디지털 패브리케이션이다. 라이노세로스와 그래스호퍼를 필두로 한 3D 모델링 및 비주얼 코딩 프로그램을 사용하면 복잡한 형상도 자동으로 설계할 수 있고 플러그인을 추가해 최적화하거나 구조 및 환경까지 시뮬레이션할 수 있다. 3D 프린터나 CNC 가공기와 연동하면 복잡한 형상도 정밀하게 가공할 수 있다. 이러한 새로운 건축에 도전장을 내민 대표적인 건축가가 프랭크 게리다.

프랭크 게리는 빌바오 구겐하임 미술관이나 월트 디즈니 콘서트홀 등 곡면이 많이 적용된 건축물을 구현하기 위해 프랑스의 소프트웨어 기업 다쏘시스템이 개발한 항공기용 CAD 'CATIA'에 주목했다. CATIA를 사용하면 복잡한 형상을 설계해도 설계한 데이터로부터 철골을 가공할 데이터로 변환이 가능하다. 이후에도 기술이나 인재를 한데 모아 게리테크놀로지라는 별도의 회사를 설립해 다른 건축가를 서포트하고 있다. 프랭크 게리는 새로운 기술을 사용해 지금껏 구현하기 힘들었던 건축물을 구현했을 뿐만 아니라 건축가가 '만드는' 일까지 영역을 확장할 수 있다는 사실도 보여줬다.

생각해 보면 건축과 관련된 직업은 분업화되어 왔다. 예를 들어 단독 주택을 짓는다 치면 목공사, 창호 공사, 내장 공사, 전기 공사, 설비 공사 등 30~40여 개 직종이 작업을 한다.

고층 빌딩에서는 (어떻게 분류하느냐에 따라 다르기야 하겠지만) 200여 개 직종이 작업을 한다. 분업은 일을 더 효율적으로 하기 위한 방편이다. 애덤 스미스는 『국부론』의 앞부분에서 핀 공장의 예를 든다. 핀을 만드는 데 필요한 18개의 공정을 혼자 작업한다면 하루 20개 정도밖에 만들지 못한다. 애덤 스미스가 방문한 공장에서는 10명이 각각 다른 작업을 수행해(한 사람이 2, 3개 공정을 동시에 담당하기도 한다) 하루 4만 8천 개의 핀을 만들었다. 분업을 통해 1인당 생산성이 240배 높아진 셈이다.

설계와 시공을 나누는 것 역시 분업의 결과다. 물론 각각 전문 지식이 필요한 분야인 데다 분업하는 편이 더 효율적이라는 것도 분명한 사실이기는 하나 공공시설의 공사 등에서 설계와 시공의 분리를 원칙으로 삼는 이유는 설계자가 발주자를 대신해 시공자를 감리하기 때문이다. 설계자는 시공자를 감리해야 하는데 설계자와 시공자가 같다면 제대로 된 감리가 불가능하다. 일본건축가협회에서도 설계 시공 일괄체제는 기본적으로 인정하지 않고 있다.

그러나 최근 들어 공공 건축물에서도 설계 단계에 시공자의 협조를 구하는 사례가 생기기 시작했다. 예를 들어 자하 하디드의 설계안이 백지화된 후 새롭게 실시한 신국립경기장 공모에서는 IPD(Integrated Project Delivery)가 조건이었다. 즉, 공모에 참여하려면 설계자와 시공자가 컨소시엄을 구성해 공사비와 공사 스케줄을 명확히 밝혀야 했던 것이다.

현대의 대형 프로젝트에서 요구하는 성능도 고도화되고 설비, 구조 등 다양한 분야의 지식이 필요함과 동시에 공사비나 공기 등이 불투명한 경우도 많다. 이런 경우 설계 단계에서 '어떻게 지을 것인가'에 관한 정보가 부족하면 공사가 시작된 후 다양한 문제가 발생한다. 일본에서는 설계 시공 일괄 공사(설계와 시공의 주체가 같은 공사)가 널리 실시되어 왔지만 설계와 시공의 분리가 원칙이던 유럽 및 미국에서도 파트너링이라는 방식을 통해 설계자와 시공자가 협조적인 관계를 구축해 공사 전체의 효율을 높이려고 시도하고 있다.[4]

주민 및 이용자의 참여와 지역

설계와 시공의 경계를 허무는 움직임이 일어나고 있듯 건축물을 만드는 이와 사용하는 이의 경계 역시 흐릿해져 가고 있다. 예를 들어 주민과 이용자의 의견을 설계에 반영하는 움직임이 활발해졌다. 공공 건축물인 경우 주민과 건축가가 워크숍을 열고 사용 방안을 검토하는 일이 일반화되었다. 관공서나 도서관을 어떻게 사용할지 주민과 함께 건축 프로그램을 결정하는 사례가 늘었다. 사회가 포괄적인 방향으로 변화해가는 만큼 주민, 이용자의 다양한 의견을 반영해 건축물을 계획하는 것은 필수적인 일이 되고 있고 건물을 향한 애착을 형성하는 측면에서도 효과가 있다. 아울러 다양한 서비스가 요

---

[4] 시데 가즈야 외, 『현대의 프로젝트 매니지먼트』, 쇼코쿠샤, 2022년

구되는 반면 지자체의 예산은 한정되어 있다는 측면에서도 주민의 참여는 중요하다. 단적으로 말해 수요는 다양해지고 있지만 예산은 없다. 이러한 과제를 해결하는 한 가지 방법은 이용자들이 원하는 건축물이나 서비스를 직접 만들고 행정기관은 이들을 지원하는 것이다.[5] 예를 들어 행정기관이 라스트마일을 담당하는 것이 아니라 주민과 이용자에게 권한을 위임하거나 정보와 도구를 쥐어주고 직접 움직이게 하는 것이다. 이는 비용도 들지 않으면서 주민의 요구에도 부응할 수 있고 더 나아가 건물에 대한 애착도 형성할 수 있는 효과적인 수단이 된다. 건축가나 관련 전문가가 이러한 흐름에 발맞춰 나가려면 단순히 설계만 하면 끝이던 기존의 업무 방식이 아닌 주민의 다양한 요구 사항을 반영하거나 주민과 함께하는 만듦의 장을 운영하는 등 새로운 전문가상이 필요하다.

이러한 건축가상은 기존의 화려한 건축가상, 대규모 건축물을 짓는 건축가상과는 다르다. 기존 건축가에게는 노출 콘크리트나 나무 루버 같은 이른바 작풍이란 것이 있었고 발주자도 작풍이 드러나는 설계를 원했다. 이러한 시스템은 그 땅의 재료를 사용하는 정도의 변주는 있을지라도 여러 지역에 수평 전개가 가능한 설계 방법이었다. 한편 특정 지역에 뿌리를 내리고 그곳에서 생활하며 지속적으로 건축 공사를 수행하는 건축가도 등장하기 시작했다. 주민을 대상으로 하는 워

---

5 와카바야시 케이(若林恵), 『차세대 가버먼트』, 니혼 케이자이신문출판, 2019년

크숍을 열고 운영에까지 관여하려면 세계 각지를 돌아다니기보다는 해당 지역에서 지속적으로 활동하는 편이 더 현실적이다. "우리 동네에도 해외 어디랑 같은 디자인으로 만들어 주세요" 하는 요청만 아니라면 지역의 특색이 담긴 독창적인 건축도 창조해 낼 수 있을 것이다.

자아실현과 '만들기'

일본에서는 설계와 시공을 일괄하는 공사가 널리 실시되고 있다고 썼지만 종합 건설사든 주택 건설업자든 시공사무소든 실제로는 시공자가 설계까지 수행하는 경우, 즉 회사 내부에 설계 부문이 있는 경우에 가깝다. 한편 이 책에서 쓰는 표현, 즉 '만드는' 일을 수행하는 건축가란 원래 설계자이던 사람이 시공까지 수행한다는 의미로, 방향이 반대다. 그럼 최근 왜 이러한 움직임이 일어나고 있는 걸까?

  설계와 시공을 분리하는 문화가 뿌리 깊게 자리 잡은 미국에서 설계와 시공을 함께 하는 디자인빌드 방식으로 공사를 수행하는 피터 글룩은 설계와 시공 조직을 모두 갖추고 직원들도 각 분야를 넘나드는 선구적인 활동 ALDB(Architect Led Design Build)를 전개하고 있다.[6] 피터 글룩은 젊었을 때 예일대학의 디자인빌드 프로그램에 참여했고 졸업 후에는

---

6 오카모토 게이스케(岡本圭介), 「뉴욕에서 발견한 도편수 정신, GLUCK+의 설계 시공 매니지먼트」 『건축사』 2020년 9월 호, 18~21쪽

일본의 종합 건설사 다케나카에서 일한 적도 있다. 특히 흥미로웠던 점은 그의 사무소는 활동의 일정 비율을 NPO 같은 사회적 의의가 있는 건설 활동을 위해 사용한다는 것이다. 생각해 보면 가령 설계사무소가 단체로 이러한 활동을 기획한다 하더라도 공사비가 빠듯하면 일을 맡아 줄 곳도 없을 것이고 원래 공사비가 빠듯한 공사를 진행해 나가려면 어떤 식으로든 시공에도 관여할 필요가 있다. 원하는 것을 만들 때는 분업이 아니라 만드는 영역까지 관여하는 편이 효율적이라고 할 수 있을 것이다. 이 책에 등장하는 인물들은 시공의 범주까지 영역을 넓히기 위해 스스로 시공하는 길을 택했다고 할 수 있겠다.

시공의 범주까지 영역을 넓히는 데 마주하는 장벽도 낮아지고 있다. 앞서 언급한 디지털 패브리케이션의 등장으로 수련 기간이 길어야 결과물의 정밀도가 높아진다는 말도 다 옛말이 됐다. 리노베이션은 말끔한 신축 건축물을 만드는 작업이 아니므로 얼마간 얼룩이 있거나 틈이 있어도 무방하고 SNS를 통해 정보를 게시하면 소규모 사업장이라도 의뢰인을 찾을 수 있다. 설계만 한다는 제약만 풀면 어린 시절 품었던 근원적인 욕망을 실현해 나갈 수 있지 않을까. '설계하면 끝'이 아니라 직접 만들고 사용하는 과정에도 참여하길 바란다. 이 책에 등장하는 직능이나 활동들은 세분화된 공사를 되돌아보고 건축이 지닌 포괄성을 되찾고자 하는 움직임이라고 할 수 있다.

맺음말

일찍이 하브라켄은 "당신은 '평범함'을 디자인할 수 없다"라고 썼다(『도시주택』, 1972년 9월호). 이때 당신이란 '특별한 건물'을 짓는 기존 건축가를 뜻한다. 그리고 집은 "평범한 일을 하는 평범한 사람이 만든다".

 이 책에 등장하는 인물들의 나이는 30세부터 50세 정도로, 나와는 위나 아래로 열 살 남짓 차이가 난다. 건축과 관계된 일을 하는 사람들로 건축가도 있지만 소위 '스타 건축가'와는 다르고, 그렇게 되고 싶어 하지도 않는 것 같다.

 개인적으로 지금까지의 인생을 돌아보면 초등학교 저학년 무렵에는 일본의 버블 경제가 붕괴된 상태였다. 초등학교 5학년 어느 이른 아침에는 고베대지진으로 집이 흔들렸다. 대학 입시를 준비하던 시기에는 9.11 영상이 TV에서 흘러나왔다. 리먼 브라더스 사태 때는 친구나 선배가 입사한 유명 회사들이 도산했다. 동일본대지진 때는 아르바이트 가게가 있던 이치가야에서 집이 있는 고마고메까지 걸어갔다. 사회가 크게 번성하는 일은 그다지 없었고(있었다고 해도 나와는 관계가 없었고) 몇 년 간격으로 엄청난 일이 일어났다. 세상이 서서히 쇠퇴해 가는 느낌이었다.

뭉뚱그려 말하기는 어려울지도 모르지만 어쨌든 이 책에 등장하는 인물들도 모두 나와 같은 시대를 살아왔다. 같은 시대를 경험하고 지금은 기존의 건축이나 공간과 관련된 능력을 확장해 활동하고 있다. 그들의 문제의식에는 몇 가지 공통점이 있다. 자연 경관이나 생태계가 파괴되고 있다는 것, 아까운 재료가 버려지는 것은 옳지 않다는 것, 설계하는 사람과 사용하는 사람 사이에 거리가 있다는 것, 건축 일이 세분되어 있다는 것, 결국 지금 이대로라면 주택지, 돌담 쌓기, 목욕탕, 건축물을 설계하고 짓는 일의 본질 등 우리의 일상이나 자연 경관을 구성하고 있던 시스템이 무너져 버릴 것이라는 위기감을 안고 있다. 그리고 아무도 모르는 사이에 소중한 무언가를 잃어버리지 않으려면 건축 작품 결과물 하나하나보다는 그 결과물을 짓는 방법이나 네트워크를 재검토할 필요가 있다고 여긴다. 다만 사회 전체를 바꾸기란 어렵고 타인에게 강요할 수도 없는 노릇이기에 솔선수범해 자신의 주변부터 바꾸는 방법을 고안한다. 영웅적인, 어떤 의미에서는 작위적인 건축물이 아니라 자연스럽게 만들어지는 평범한 건축물과 공간, 그리고 그것들이 현대적인 형태로 만들어지는 시스템에 관심을 기울인다.

이 책 후반부의 야마모토 씨가 쓴 것처럼 직접 손을 움직이려는 태도는 무언가 엄청난 일을 겪고 난 뒤에 회복하려는 움직임에서 나오는 듯하다. 나는 지금껏 그렇게까지 가혹한 일을 경험한 적도 없고 실제로 프로젝트를 운영해 본 경험도 없지만, 하나의 건축물에 그치지 않는 시공 방법이나 시스템을 일상생활에 도움이 되는 형태로 고안해 보고 싶다는 저자들의 생각에는 공감되는 부분이 많았다. 지금 이러한 활동을 꿈꾸는 분들이 꿈에 한 발짝 더 가까워지는 데 이 책이 도움이 되기를 바란다.

마지막으로 도움을 주신 분들께 감사 인사를 전하고 싶다. 먼저 이 책은 재단법인 주소켄의 출판 지원 사업을 통해 출간되었다. 도쿄대 릴레이 렉쳐 '만든다는 것은'은 건축 생산 매니지먼트 특별 강좌가 기획·운영하는 프로그램으로 오모리구미, 가지마건설, 시미즈건설, 타이세이건설, 타케나카코무텐 등 5개 건설사의 지원으로 운영되고 있다. 이 책의 표지와 사진집, 본문 레이아웃 등의 디자인은 나쓰메 봉제소의 나쓰메 나오코(夏目奈央子) 씨의 작품으로, 본문 내용과 잘 어울리게 수작업의 느낌을 살려주셨다. 편집을 맡아주신 가쿠게이 출판사의 나카기 야스요(中木保代)씨는 기획 단계부터 많은 조언을 해 주셨다. 이 책의 한국판 표지 디자인은 스튜디오 우당탕탕의 채아람 대표가 손그림과 손글씨 느낌을 살려 책의 내용에 꼭 맞게 만들어주었다. 한국판의 출간을 담당해준 이유출판의 유정미 대표님과 이수빈 편집자, 디자인 팀 '사이에서'의 끈기있는 기다림과 섬세한 조언, 편집으로 책의 완성도를 높여줬다. 시리즈 강연의 기획·운영은 와다 류스케(和田隆介)씨의 도움 덕분에 무사히 진행될 수 있었다. 매회 두 분의 게스트를 초청해 강연을 부탁드렸으며, 이 책에는 주제나 구성을 고려해 그중 일부 강의를 실었고 또 기회가 있다면 다른 내용도 더 널리 알리고 싶다.

손수 짓는 시대
The Architect as Maker
코노 나오, 곤도 도모유키, 윤주선 편저
윤주선 옮김

발행 2025년 11월 28일

펴낸이 이민·유정미
편집 이수빈
감수 민성휘
디자인 사이에서
표지디자인 (주)스튜디오우당탕탕 채아람

펴낸곳 이유출판
주소 34630 대전시 동구 대전천동로 514
전화 070-4200-1118
팩스 070-4170-4107
전자우편 iu14@iubooks.com
홈페이지 www.iubooks.com
페이스북 @iubooks11
인스타그램 @iubooks_14

ISBN 979-11-89534-58-5 (03540)

이 책은 저작권법에 따라 보호받는 저작물이므로 무단전재와
무단복제를 금합니다. 내용의 전부 또는 일부를 이용하려면
저작권자와 출판사 서면 동의를 받아야 합니다.